普通高等教育 3D 版机械类系列教材

机械设计基础创新实践
（3D 版）

张　超　　姚龙元　　任秀华　　满　佳　　陈清奎　　王日君　　李建勇　　编著
裘英华　　张晓梅　　张清德　　于曦辰　　郭梦男　　郭昱舒

张进生　　主审

机械工业出版社

本书围绕机械设计基础创新实践展开,涵盖常用机械结构认知、实验基本原理、技能及方法。编者精心设计了一系列具有挑战性与创新性的实验项目,对每个项目的目的、原理、步骤、结果分析与评价等进行了详细阐述,并介绍了相关实验设备与发展趋势,辅以丰富的案例与拓展问题,从而培养学生的创新与实践能力。

本书配有利用虚拟现实(VR)、增强现实(AR)等技术开发的 3D 虚拟仿真教学资源,方便读者学习。本书可作为普通工科院校非机械类与近机械类各专业以及高等职业院校相关专业机械设计基础课程的实验指导教材,也可供从事机械设计工作的工程技术人员参考。

图书在版编目(CIP)数据

机械设计基础创新实践:3D 版/张超等编著.
北京:机械工业出版社,2025. 7. --(普通高等教育 3D 版机械类系列教材). -- ISBN 978-7-111-78387-9

Ⅰ. TH122

中国国家版本馆 CIP 数据核字第 2025E3Z006 号

机械工业出版社(北京市百万庄大街 22 号 邮政编码 100037)
策划编辑:段晓雅 责任编辑:段晓雅
责任校对:李 杉 李小宝 封面设计:张 静
责任印制:单爱军
保定市中画美凯印刷有限公司印刷
2025 年 7 月第 1 版第 1 次印刷
184mm×260mm・9 印张・220 千字
标准书号:ISBN 978-7-111-78387-9
定价:32.00 元

电话服务 网络服务
客服电话:010-88361066 机 工 官 网:www.cmpbook.com
010-88379833 机 工 官 博:weibo.com/cmp1952
010-68326294 金 书 网:www.golden-book.com
封底无防伪标均为盗版 机工教育服务网:www.cmpedu.com

前　言

党的二十大报告提出，要"推进教育数字化，建设全民终身学习的学习型社会、学习型大国"。我们要高度重视教育数字化，以数字化推动育人方式、办学模式、管理体制以及保障机制的创新，推动教育流程再造、结构重组和文化重构，促进教育研究和实践范式变革，为促进人的全面发展、实现中国式教育现代化，进而为全面建成社会主义现代化强国、实现第二个百年奋斗目标奠定坚实基础。

机械设计基础创新实践课程是培养学生工程思维与实践能力的有效途径。传统的机械设计基础理论教学为学生搭建了知识框架，而实践则为学生提供了将理论知识应用于实际的宝贵机会。随着科技的不断进步，机械设计基础创新实践课程呈现出一系列新的发展趋势。本书中的每个实验项目都详细给出了实验目的、实验原理、实验步骤以及实验结果的分析与评价方法，同时提供了丰富的案例和拓展思考问题，引导学生深入探索和创新。本书配有利用虚拟现实（VR）、增强现实（AR）等技术开发的 3D 虚拟仿真教学资源，读者使用微信的"扫一扫"扫描书中二维码即可使用。二维码中有█图标的表示免费使用，有█图标的表示收费使用。济南科明数码技术股份有限公司还提供互联网版、局域网版、单机版的 3D 虚拟仿真教学资源，可供师生在线（www.keming365.com）购买使用。

本书第 1、2 章由张超、姚龙元、王日君编著，第 3 章由任秀华、张清德编著，第 4 章由满佳、李建勇编著，第 5 章由陈清奎、张晓梅编著，第 6 章由裴英华、于曦辰编著，第 7 章由郭梦男、郭昱舒编著。本书配套的 3D 虚拟仿真教学资源由济南科明数码技术股份有限公司开发完成，并负责网上在线教学资源的维护、运营等工作，主要开发人员包括陈清奎、陈万顺、胡洪媛、张亚松、丁伟、张言科等。本书由山东大学张进生教授主审，在此深表谢意。

希望本书能够成为学生开启机械设计创新实践之门的钥匙，帮助他们在实验中不断探索、勇于创新，最终成为具有扎实专业知识、创新能力和社会责任感的优秀机械工程专业人才。

由于编者水平有限，书中难免存在不足之处，恳请广大读者提出宝贵意见和建议，以便我们不断完善。

编著者

目 录

第 1 章

机构认知实验

1.1 概述

在机械领域，对机械机构的认知是基础且关键的部分。机器是由各种各样的机构组成的，机构是机器的运动部分，即剔除了与运动无关的因素而抽象出来的运动模型。机械设计基础课程就是研究机构的课程，它以高等数学、普通物理、机械制图和理论力学等课程为基础。

机构认知实验将部分基本教学内容转移到实物模型陈列室进行教学，是机械设计基础的重要教学环节。机构认知使学生了解常用机构的组成及其在实际机械中的应用情况，为后续课程的学习打下坚实的基础；增强学生对机构运动形式的感性认识，弥补空间想象力和形象思维能力的不足；加深对教学基本内容的理解；促进学生自学能力和独立思考能力的提高。此外，丰富的实物模型有助于学生扩大知识面、激发学习兴趣。

1.2 实验目的

（1）加深对理论知识的理解　帮助学生将机械制图、机械设计基础等课程中的抽象理论知识与实际的机械零件和机构相对应，使理论知识更具象化，巩固所学知识。

（2）熟悉常见零件与机构　让学生熟悉各类常见机械零件，如齿轮、轴、键、螺栓等，以及常用机构，如连杆机构、凸轮机构、间歇运动机构等，掌握它们的结构特点、工作原理及应用场景。

（3）培养观察与分析能力　锻炼学生观察机械零件和机构细节的能力，培养对机械结构的分析能力，能从实际应用角度分析机械零件和机构的设计合理性与改进方向。

（4）提升实践操作技能　通过实际操作机构，学生可以了解机械运动的控制方法和调节技巧，提高动手能力，为后续课程设计、毕业设计及实际工程应用奠定实践基础。

1.3 实验设备

1）机械设计基础陈列柜如图 1-1 所示。它由数节陈列柜组成，主要展示机器中常见的各类机构，介绍机构的结构形式和用途，演示机构的基本工作原理和运动特性，各柜名称及内容见表 1-1。

图 1-1　机械设计基础陈列柜

表 1-1　机械设计基础陈列柜各柜名称及内容

柜号	名称	内容
1	概述	内燃机、蒸汽机、缝纫机、运动副
2	平面连杆机构的基本形式	铰链四杆机构、单移动副机构、双移动副机构
3	平面连杆机构的应用	机构运动简图、连杆机构的应用
4	凸轮机构的形式	盘形、移动、等宽、等径、圆锥、圆柱等凸轮
5	齿轮传动的各种类型	平行轴传动、相交轴传动、交错轴传动
6	渐开线齿轮参数	渐开线齿轮各部分名称、参数，渐开线形成、摆线形成
7	轮系的基本形式	定轴轮系、周转轮系、周转轮系的功用
8	间歇运动机构	棘轮机构、槽轮机构、不完全齿轮机构、凸轮式间歇机构
9	组合机构	串联机构、并联机构、反馈机构、复合式组合机构
10	空间连杆机构	空间四杆机构、空间五杆机构、空间六杆机构

2）典型机构模型如图 1-2 所示。

3）自备钢笔、草稿纸等。

图 1-2　典型机构模型

1.4　实验方法

1. 知识预习

学生需提前复习机械设计基础课程中有关机械零件和机构的理论知识，明晰常见机械零件的类型、结构特征及机构的运动原理。

2. 实物演示

教师选取典型的机械零件和机构实物或模型，现场演示机构的运动过程，让学生观察各零件间的相对运动关系，并操作部分可拆解的模型，展示零件的连接与装配方式，如螺栓连接、键连接等。

3. 机械零件认知

（1）观察与分类　将学生分组，每组发放一套包含多种类型的机械零件，如齿轮、轴、螺母、螺栓、键、销等。学生通过观察零件的形状、尺寸、表面特征等，依据所学知识对零件进行分类，并记录各类零件的名称与特点。

（2）测量与分析　使用卡尺、千分尺等测量工具，测量部分零件的关键尺寸参数，如轴的直径、齿轮的模数等，并与理论值对比分析。同时，观察零件的材料特性，通过查阅资料或请教教师，了解不同材料应用于该零件的原因。

（3）记录与总结　将观察和测量结果记录在实验报告纸上，总结各类机械零件的结构特点、尺寸参数范围、材料选择原则及应用场景。

4. 机械机构认知

（1）机构观察与识别　学生观察实验室内布置的各类机械机构模型，如曲柄摇杆机构、凸轮机构、间歇运动机构等，识别机构的类型，分析机构的组成部分及各构件间的相对运动关系。

（2）运动参数测量　对于部分可测量运动参数的机构模型，如曲柄摇杆机构，学生使用角度测量仪、转速表等工具，测量机构在运动过程中的某些运动参数，如摇杆的摆角、曲柄的转速等，并分析这些参数对机构运动特性的影响。

（3）原理分析与绘图　依据对机构运动过程的观察和分析，学生在实验报告纸上绘制机构的运动简图，标注各构件名称、运动副类型及尺寸参数，并根据所学理论知识，分析机构的运动原理、传动特点及应用场合。

5. 机构操作与演示

（1）简单机构操作　每组学生选择一个简单的机械机构模型，如平行四边形连杆机构，按照教师演示的方法，亲手操作机构，观察机构运动过程中各构件的运动状态变化，进一步理解机构的运动传递和转换原理。

（2）复杂机构演示　教师操作较为复杂的机械机构，如汽车发动机的曲柄滑块机构模型，展示其在实际工作中的运动过程，并讲解机构在整个系统中的作用和工作原理，使学生了解机械机构在实际工程中的应用。

6. 实验总结与报告撰写

（1）小组讨论与总结　实验结束后，各小组学生对实验过程中的观察结果、测量数据及分析结论进行讨论和总结，梳理实验过程中遇到的问题及解决方法，加深对机械零件机构的理解。

（2）报告撰写　学生根据实验记录和小组讨论结果，独立撰写实验报告。报告内容应涵盖实验目的、实验设备与材料、实验步骤、实验数据记录与分析、实验结论及心得体会等部分。

1.5 实验内容及要求

1. 了解机器、机构的组成及机构运动简图的表达

根据陈列柜的前言部分，了解各种机器、机构的组成和运动，掌握机构的组成、基本工作原理及运动关系的表达方式。

例如内燃机模型通过曲柄滑块机构将燃气热能转换成曲柄转动的机械能，采用四组曲柄滑块机构配合工作，以增加输出功率和运转平稳性，通过齿轮机构控制气缸的点火时间，通过凸轮机构控制气门的开启与关闭。又如家用缝纫机模型通过曲柄滑块机构实现机针的上下运动，通过连杆机构和几组凸轮机构的组合实现钩线、挑线和送布动作，各个机构共同配合和协调从而完成缝纫工作。

通过观察和分析各种机器、机构模型的运动情况，从而明确机器是由一个或多个机构按照一定的运动要求组合而成的，而机构是由构件及运动副构成的。在表达机构的运动关系时，需要抛开构件的固连方式、复杂外形、截面尺寸等与运动无关的因素，从中抽象出其组成构件和构件间的运动副关系。熟悉和掌握各种机构的分析研究及表达方法，可以为机器的分析奠定基础。

2. 了解平面连杆机构的基本知识

根据陈列柜的平面连杆机构部分，了解和认识平面连杆机构的常见类型及运动形式，熟悉其在实践中的应用情况。

平面连杆机构是由若干个刚性构件用低副连接而成的，各构件均在相互平行的平面内运动。其主要特点是构件之间以面接触，故单位面积上压力小；结构简单，制造方便，寿命长，磨损小，便于润滑，属于低副机构。而四杆机构是由四个构件组成的平面连杆机构，是平面连杆机构的基础，且应用最为广泛，故机械设计基础课程中主要介绍的是四杆机构。

（1）铰链四杆机构　运动副均为转动副的四杆机构称为铰链四杆机构。其中，固定构件称为机架，与机架相连的两构件称为连架杆，不与机架相连的构件称为连杆。若连架杆相对机架能旋转360°，则称其为曲柄，否则称为摇杆；连杆相对于机架一般做平面复杂运动，其上各点走出的轨迹各不相同。铰链四杆机构按连架杆的运动形式可分为下面几类。

1）曲柄摇杆机构：两连架杆中一个为曲柄，一个为摇杆的铰链四杆机构。在曲柄摇杆机构中，当曲柄以匀角速度转动时，从动摇杆做变速摆动；若四杆机构中，原动件匀速转动，而从动件往复运动的平均速度也不相同，这种现象称为急回运动特性。

2）双曲柄机构：两连架杆均为曲柄的铰链四杆机构。在双曲柄机构中，当一个曲柄匀角速度转动时，一般另一个曲柄为变速转动。双曲柄机构中，当相对两杆平行且长度相等时称为平行四边形机构，此时，两曲柄同速同向转动，连杆做平动，连杆上任一点的轨迹均为圆，轨迹圆的半径与曲柄等长。当相对两杆长度相等但不平行时称为反平行四边形机构，此时，两曲柄的转动方向相反。

3）双摇杆机构：两连架杆均为摇杆的铰链四杆机构。

（2）单移动副四杆机构　含移动副的四杆机构可以认为是由铰链四杆机构演化而来的，其中含一个移动副的四杆机构称为单移动副四杆机构。

1）曲柄滑块机构：以移动副中导杆为机架的单移动副四杆机构。当曲柄匀速转动时，滑块可做变速的往复移动。滑块移动行程的大小由曲柄长度决定。

2）导杆机构：以与导杆铰接的构件为机架的单移动副四杆机构。若导杆能作整周转动，称为转动导杆机构；若导杆仅能在某一角度范围内摆动，称为摆动导杆机构。

3）曲柄摇块机构：以与滑块铰接的构件为机架的单移动副四杆机构。

4）定块机构：以滑块为机架的单移动副四杆机构。

（3）双移动副四杆机构　这类机构的基本形式是带有两个移动副的四连杆机构，简称双移动副机构。把它们倒置，可得到三种形式的四连杆机构。

1）曲柄移动导杆机构。这种机构的导杆做简谐移动，所以又称为正弦机构，常用于仪器仪表中。

2）双滑块机构。这种机构连杆上的一点，其轨迹为一椭圆，所以又称为画椭圆机构。在此机构上，除滑块与连杆相连的两铰链和连杆中点的轨迹为圆以外，其余所有点的轨迹均为椭圆。

3）双转块机构。此机构如果以一转块作为等速回转的原动件，则从动转块也做等速回转，而且转向相同。当两个平行传动轴间的距离很小时，可采用这种机构。因此，这种机构通常作为联轴器应用，所以又称为十字滑块联轴器。

（4）平面连杆机构的应用　例如颚式破碎机，它由平面六杆机构组成，当原动曲柄匀速转动时，通过动颚板的往复摆动，实现矿石的压轧破碎。又如摄影平台升降机，它由平行四边形机构组成，摄影机工作台设在连杆上，从而保证工作台在升降过程中始终保持水平位置。

要做到学以致用，就必须抓住两点：一是"学"，就是要熟悉此类机构的类型和特点；二是"用"，就是要勤于观察周围各种实践活动中应用的机器、设备和装置，分析完成这些实践活动应具备的运动和传力特点，然后将两者结合在一起，就可不断熟悉和掌握这些机构的应用和特性。

3. 了解凸轮机构的基本知识

根据陈列柜的凸轮机构部分，了解和认识凸轮机构的组成、常见类型及其在实践中的应用。

凸轮机构是由凸轮、从动件、机架三个基本构件组成的平面运动机构。它常用来将原动件凸轮的连续回转运动转变为从动件的往复运动。它的主要特点：由于凸轮是一个具有曲线轮廓的构件，只要适当地设计凸轮的轮廓线，该机构便可以实现从动件任意的运动规律。凸轮的廓形与从动件端部廓形间形成滚滑副，从动件在凸轮廓形的控制下运动，故凸轮属于高副机构。由于凸轮机构结构简单而紧凑，因此它广泛应用于各种机械、仪器和控制装置中。

（1）凸轮机构的类型　凸轮机构的类型很多，常用的分类方法有以下几种。

1）按凸轮的形状分类。

① 盘形凸轮。这种凸轮形状如盘，具有变化的向径。当它绕固定轴转动时，可推动从动件在垂直于凸轮转轴的平面内运动，它是凸轮最基本的形式。

② 移动凸轮。这种凸轮形状如板，可看成是回转轴心位于无穷远处的盘形凸轮。当移动凸轮相对于机架做直线运动时，可推动从动件在同一运动平面内运动。

③ 圆柱凸轮。这种凸轮形状如圆柱，凸轮的轮廓曲线做在圆柱体上，可看作是将移动凸轮卷成圆柱体形成的。在这种凸轮机构中，凸轮与从动件之间的运动不在同一平面内，所

以它属于空间凸轮机构。

2）按从动件与凸轮接触处的结构形式分类。

① 尖端从动件：尖端能与任意复杂的凸轮轮廓保持接触，使从动件实现任意预期的运动。但尖端从动件与凸轮轮廓的接触是点接触，接触应力很大，易于磨损，所以很少使用，只适用于传力不大的低速凸轮机构。

② 滚子从动件：为克服尖端从动件的缺点，在从动件的尖端处安装一个滚子，即成为滚子从动件。由于滚子与凸轮轮廓之间为滚动摩擦，摩擦磨损小，可以承受较大的载荷，所以滚子从动件是从动件中最常见的一种形式，但其头部结构复杂，质量较大，不易润滑，故不宜用于高速凸轮机构。

③ 平底从动件：这种从动件与凸轮轮廓表面接触的端面为一平面，不能与凹陷的凸轮轮廓相接触。这种从动件的优点是凸轮对从动件的作用力始终垂直于从动件的底边，受力平稳，并且凸轮与平底的接触面间易于形成油膜，利于润滑，传动效率较高，常用于高速凸轮机构中。

以上三种从动件都可以相对机架做往复直线运动，滚子从动件还可做往复摆动。

3）按从动件运动的形式分类。

① 直动从动件：从动件做往复直线运动。若从动件导路通过盘形凸轮中心移动，称为对心直动从动件。若从动件导路不通过盘形凸轮回转中心，称为偏置直动从动件。从动件导路与凸轮回转中心的距离称为偏距，用 e 表示。

② 摆动从动件：从动件做往复摆动。

4）按锁合方式分类。使凸轮轮廓与从动件始终保持接触，即为锁合，锁合的方式有下面两种。

① 力锁合：靠重力、弹簧力或其他力锁合。

② 几何锁合：依靠凸轮和从动件的特殊几何形状锁合。圆柱凸轮的凹槽两侧面间的距离处处等于滚子的直径，所以能保证滚子与凸轮始终接触，实现锁合。

（2）凸轮机构的应用　凸轮机构的结构简单，运动可靠，且能实现任意给定的运动规律和轨迹，故被广泛地应用于各种机械中，特别是在自动机械和自动控制装置中应用更广，其主要应用于控制执行构件的动作和控制构件做平面运动时的轨迹和姿态，常在以下几种场合中应用。

1）用于控制执行构件的动作。例如自动机床的进刀机构应用的圆柱凸轮机构，当具有凹槽的圆柱凸轮回转时，通过嵌于凹槽中的滚子迫使从动件作往复摆动，从而控制刀架的进刀和退刀。

2）用于实现点的轨迹。例如用靠模法车削手柄所用的移动凸轮机构，靠模凸轮轮廓形状的变化可推动滚子从动件移动，从而控制与滚子固结的车刀切削出复杂形状的手柄。

3）用于实现从动件的平面运动。例如平板印刷机上吸纸机构中应用的两个摆动凸轮机构，两凸轮固结在同一转轴上，与连杆机构组合可实现工作时吸纸盘要求的特定平面运动。

4）实现行程增大的凸轮机构。例如摆动从动件圆柱凸轮机构，可将不大的凸轮行程通过摆杆的杠杆作用进行扩大，从而减小凸轮机构尺寸。

4. 了解齿轮机构的基本知识

根据陈列柜的齿轮机构部分，了解和认识齿轮机构的组成、常见类型和特点及运动形式，熟悉渐开线齿轮的特点及主要参数。

（1）齿轮机构的组成　齿轮机构一般是由机架、主动齿轮和从动齿轮组成的。两齿轮之间能形成多对滚滑副接触，从而能按接力传动的方式实现连续运动的传递。齿轮机构属于高副机构，用于两轴间的运动和动力传递。

齿轮机构具有传动功率范围大、传动效率高、传动比恒定、承载能力大、精度高、寿命长、工作平稳可靠等优点，广泛应用于各种机械中。

（2）齿轮机构的分类　齿轮机构的类型很多，按照两传动轴线的相对位置不同分类如下。

1）平行轴齿轮传动。轴线平行的两齿轮传动时，其两齿轮做平面平行运动，属于平面齿轮机构。按照轮齿形状的不同又可分为下述三种类型。

① 直齿圆柱齿轮机构。该机构的两个齿轮均为直齿圆柱齿轮。直齿轮轮齿的齿向与其轴线平行，按其啮合类型可分为外啮合齿轮传动、内啮合齿轮传动和齿轮齿条啮合传动。直齿圆柱齿轮机构是最简单、最基本的一种齿轮机构类型，研究齿轮机构时一般将其作为研究重点，找出齿轮传动的基本理论和规律，并以此作为研究其他类型齿轮机构的理论依据。

② 斜齿圆柱齿轮机构。它的轮齿沿螺旋线方向排列在圆柱体上，螺旋线方向有左旋和右旋之分。该机构的两个齿轮为相同大小螺旋角的斜齿圆柱齿轮。斜齿轮轮齿的齿向相对其轴线倾斜了一个角度（称为螺旋角），按其啮合类型斜齿轮机构也可分为外啮合齿轮传动、内啮合齿轮传动和齿轮齿条啮合传动。斜齿圆柱齿轮机构比直齿圆柱齿轮机构的传动平稳性好、承载能力高、噪声小，但是因轮齿倾斜会产生轴向力。

③ 人字齿轮机构。该机构的两个齿轮均为人字齿轮。人字齿轮可视为由左右两排完全对称的斜齿轮组合而成，其目的是使其轴向力相互抵消。人字齿轮传动常用于矿山、冶金等设备中的大功率传动。

2）相交轴齿轮传动。传递两相交轴之间的圆锥齿轮机构，属于空间齿轮机构。该机构的两个齿轮均为圆锥齿轮，圆锥齿轮的轮齿分布在一个截锥体上，两轴线的夹角 θ 可任意选择，分为直齿、斜齿和曲齿三种类型。其中两轴垂直相交的直齿圆锥齿轮机构应用最广，斜齿圆锥齿轮机构很少应用，曲齿圆锥齿轮机构适用于高度重载的场合。因轴线相交，两轴孔难以达到很高的相对位置精度，且其中一个齿轮需为悬臂安装，故圆锥齿轮机构的承载能力和传动精度都较圆柱齿轮机构低。

3）交错轴齿轮传动。传递交错轴运动和动力的齿轮机构，它有以下几种形式。

① 螺旋齿轮机构。该机构实际上是由两个斜齿圆柱齿轮配对组成，在接触处两轮轮齿的斜向一致，两齿轮轮齿为点接触，且相对滑动速度较大，所以轮齿易磨损，效率低，不宜用在大功率和高速的传动。

② 螺旋齿轮齿条机构。它的特点与螺旋齿轮机构相似。

③ 圆柱蜗杆蜗轮机构。该机构多用于两轴的交错角为90°的场合，其特点是传动平稳，噪声小，传动比大，一般单级传动比为8~100，结构紧凑。

④ 弧面蜗杆蜗轮机构。弧面蜗杆的外形是圆弧回转体。蜗杆与蜗轮的接触齿数较多，降低了齿面的接触应力，其承载能力为普通圆柱蜗杆蜗轮传动的1.4~4倍，但是制造复杂，对装配条件的要求较高。

（3）渐开线齿轮的参数及齿形

1）渐开线的形成。一条动直线沿一个圆周做纯滚动时，动直线上任一点 K 的轨迹，称为该圆的渐开线。这条动直线称为渐开线的发生线，这个圆称为渐开线的基圆。观察发生线、基圆、渐开线这三者的关系，从而可得到渐开线的一些性质。

① 发生线沿基圆滚过的线段长度等于基圆上被滚过的相应圆弧长度。

② 渐开线上任意一点的法线恒与基圆相切。

③ 发生线与基圆的切点是渐开线上该点的曲率中心，而线段是渐开线在该点的曲率半径。

④ 渐开线上任一点的法线与该点速度方向之间所夹的锐角，称为该点的压力角。渐开线上不同点的压力角不等，越接近基圆部分压力角越小，在基圆上的压力角等于零。

⑤ 渐开线的形状取决于基圆的大小。基圆半径越大，其渐开线曲率半径也越大；当基圆半径为无穷大时，其渐开线就变成一条近似直线。

⑥ 基圆内无渐开线。

2）渐开线齿轮的基本参数。为定量地确定齿轮各部分的尺寸，需要规定若干个基本参数。对于标准齿轮，其基本参数有齿数、模数、压力角、齿顶高系数和顶隙系数。

① 齿数。以两条反向渐开线形成一个轮齿，沿齿轮整个圆周均匀分布的轮齿总数称为齿数，用 z 表示。若保持齿轮传动的中心距不变，增加齿数能增大重合度，改善传动的平稳性，减小模数，降低齿高，故可减少金属切削量，节约制造成本。齿高小还能减小滑动速变，从而减小磨损及胶合的危险性。但在这种情况下，轮齿弯曲强度变小。同时为防止根切，齿数应大于根切时的齿数，因而一般小齿轮齿数在 20 左右。

② 模数。为便于齿轮的设计、计算和检验，国家标准规定，作为基准的分度圆上的齿距与 π 的比值应为标准值，并将其称为齿轮的模数，用 m 表示。它是确定轮齿的周向尺寸、径向尺寸以及齿轮大小的一个参数，也是齿轮强度计算的一个重要参数。目前，模数的数列已标准化。

③ 压力角。在不计运动副中摩擦和构件质量的情况下，渐开线齿廓啮合点处所受正压力方向应为该点的法线方向，它与运动方向间所夹的锐角称为渐开线在该点的压力角，用 α 表示。同一渐开线齿廓上各点的压力角不同，越接近基圆压力角越小，基圆上的压力角为零。国家标准规定，渐开线齿廓分度圆上的压力角为标准值，$\alpha = 20°$，并以此代表齿轮压力角。

④ 齿顶高系数。齿轮各部分尺寸均以模数为基数，齿顶高的尺寸也应与模数成正比，即 $h_a = h_a^* m$，式中 h_a^* 称为齿顶高系数。我国规定，正常齿制时，$h_a^* = 1$；短齿制时，$h_a^* = 0.8$。

⑤ 顶隙系数。为保证一对齿轮的正常啮合传动，一轮的齿顶与另一轮的齿根之间应有一定的径向间隙，称为顶隙，用 c 表示。规定 $c = c^* m$，式中 c^* 称为顶隙系数。我国规定，正常齿制时，$c^* = 0.25$；短齿制时，$c^* = 0.3$。由顶隙系数和齿顶高系数可确定齿根高 h_f，即 $h_f = (h_a^* + c^*) m$。

3）渐开线齿轮的齿形比较。当渐开线齿轮的齿数 z 不同，而其他参数相同时，其轮齿形状不同。齿数 z 越少，齿廓越弯曲；齿数 z 越多，齿廓越平直。当齿数 z 为无穷多时，齿廓变成直线，齿轮变成齿条。

当渐开线齿轮的模数 m 不同，而其他参数相同时，其轮齿大小不同。模数是确定齿轮所有周向尺寸和径向尺寸的基数，由轮齿的大小可以确定其模数的数值。

当渐开线齿轮的齿顶高系数不同，而其他参数相同时，其轮齿长短不同。国家标准规定了两种齿高制，即正常齿和短齿，其中正常齿高应用广泛。

5. 了解轮系的基本知识

根据陈列柜的轮系部分，了解和认识轮系的类型、运动关系及其在实际机械中的功用。

实际机械中常采用一系列互相啮合的齿轮将主动轴和从动轴连接起来，这种多个齿轮组成的传动系统称为轮系。

（1）轮系的类型　根据轮系运动时其各轮轴线的位置是否固定，可将轮系分为以下三大类。

1）定轴轮系。当轮系运动时，其各轮轴线的位置相对于机架固定不动，这种轮系称为定轴轮系或普通轮系。

2）周转轮系。当轮系运动时，至少有一个齿轮的轴线绕另一齿轮的轴线转动，这种轮系称为周转轮系。周转轮系按其自由度的数目不同又分为两种类型。

① 差动轮系：具有两个自由度的周转轮系。

② 行星轮系：具有一个自由度的周转轮系。

3）复合轮系。若轮系中既含有定轴轮系、又含有基本周转轮系，或者含有几个基本周转轮系，则称该轮系为复合轮系。

（2）轮系的功用　轮系在实际机械设备中应用非常广泛，它的主要功用有以下几点。

1）实现大传动比传动。当两轴间需要较大的传动比时，可采用定轴轮系来实现。但多级齿轮传动会导致结构复杂。若采用行星轮系，则可以在使用较少齿轮的情况下，得到很大的传动比。

2）实现变速传动。在主动轴转速不变的情况下，利用轮系可使从动轴得到多种转速。利用定轴轮系中的滑移齿轮控制不同的齿轮对啮合，利用摩擦制动周转轮系中不同的太阳轮均可实现输出轴运动速度的变化，轮系的这种功用广泛用于汽车、工程机械的各类变速器中。

3）实现换向传动。在主动轴转向不变的情况下，利用轮系可使从动轴转向改变。利用定轴轮系中的惰轮就可方便地改变从动轴的运动方向，车床上走刀丝杆的三星轮换向机构即是应用此原理进行换向的实例。

4）实现运动的合成。利用差动轮系可实现给定两个基本构件运动的情况下，第三个基本构件的运动为另两个基本构件运动的合成。在机床、计算机构、补偿调节装置中广泛应用这种做合差运算的轮系。

5）实现运动的分解。利用差动轮系可实现将一个主动转动按可变的比例分解为两个从动转动。例如，汽车后桥差速器可实现当汽车沿直线行驶时保持左右两轮转速相等，当汽车转弯时，根据转弯半径的大小，实现左右两轮不同的转速。

6）实现结构紧凑的大功率传动。利用含多个均匀分布行星轮的周转轮系传输动力，可极大地提高承载能力，增加运动的平稳性，但齿轮的尺寸却较小，同时行星轮公转产生的惯性力也得到了相应的平衡。该轮系广泛应用于各种航空发动机主减速器中。

7）实现相距较远的两轴间传动。当输入轴与输出轴相距较远而需用齿轮传动时，如果只用一对齿轮传动，则两轮尺寸会很大；若采用轮系传动，可以使结构紧凑，从而达到节约材料、减轻机器质量等目的。

6. 了解间歇运动机构的基本知识

根据陈列柜的间歇运动机构部分，了解和认识常用间歇运动机构的类型、工作原理及特点。当主动件做连续运动时，从动件间产生单向的、时动时停的间歇运动，这样的机构称为间歇运动机构。间歇运动机构很多，常见的有以下几种。

（1）棘轮机构　棘轮机构由棘轮、棘爪及机架等组成。按结构特点，常用的棘轮机构有下列两大类。

1）轮齿式棘轮机构。轮齿式棘轮机构有外啮合、内啮合两种形式。当棘轮的直径为无穷大时，变为棘条机构。根据棘轮的运动又可分为单向式棘轮机构和双向式棘轮机构，前者采用的是不对称齿形，常用的有锯齿形齿、直线形三角齿及圆弧形齿，后者一般采用矩形齿。轮齿式棘轮机构在回程时，棘轮的步进转角较小，若要调节，需改变棘爪的摆角或改变拨过棘轮齿数的多少，从而改变棘轮转角的大小。

轮齿式棘轮机构运动可靠、结构简单，从动棘轮的转角容易实现有级调节，但在工作过程中有噪声和冲击，易磨损，在高速时尤其严重，所以常用在低速、轻载下实现间歇运动。

2）摩擦式棘轮机构。摩擦式棘轮机构与轮齿式棘轮机构的工作原理相同，只不过用偏心扇形块代替棘爪，用摩擦轮代替棘轮。摩擦式棘轮机构传递运动比较平稳，无噪声，从动构件的转角可做无级调节，常用来做超越离合器，在各种机构中实现进给或传递运动，但运动准确性差，不宜用于运动精度要求高的场合。

（2）槽轮机构　槽轮机构由具有径向槽的槽轮和具有圆销的构件以及机架所组成。平面槽轮机构有两种型式：一种是外啮合槽轮机构，其槽轮上径向槽的开口是自圆心向外的，主动构件与槽轮转向相反，是应用最广泛的一种间歇机构；另一种是内啮合槽轮机构，其槽轮上径向槽的开口是向着圆心的，主动构件与槽轮转向相同。这两种槽轮机构都用于传递平行轴的运动。

槽轮机构结构简单、制造容易、工作可靠、机械效率高，在进入和脱离啮合时运动较平稳，能准确地控制转动的角度。但槽轮的转角大小不能调节，而且在槽轮转动的始、末位置加速度变化较大，所以有冲击。槽轮机构一般应用在转速不高和要求间歇转动的装置中。

（3）不完全齿轮机构　不完全齿轮机构是由齿轮机构演变而成的。主动轮上有一个或一部分齿，从动轮上有均匀分布的一组组与主动轮齿相对应的齿槽。齿轮上轮齿数的不同可实现不同的运动时间和停歇时间。

不完全齿轮机构结构简单，制造容易，工作可靠，运动时间与停歇时间之比可在较大范围内变化。但从动件在进入啮合和脱离啮合时有速度突变，冲击较大。一般适用于低速、轻载的工作条件。

（4）凸轮式间歇机构　凸轮式间歇机构由主动凸轮、从动盘及机架组成。利用凸轮与转位拨销的相互作用，可将凸轮的连续转动转换为从动盘的间歇运动。凸轮式间歇机构工作平稳、结构简单、运转可靠，无刚性冲击和柔性冲击，适用于高速间歇传动，同时可获得较高的走位精度，但是对装配、调整要求高，加工成本高。

（5）具有间歇运动的平面连杆机构

1）具有间歇运动的曲柄连杆机构。其主要构件包括主动连杆、从动连杆和滑块。在主动连杆上有一个特殊点，当机构运动时，该点会描绘出一段圆弧轨迹。将从动连杆与这个特殊点相连，并且使得从动连杆的长度等于圆弧的半径。这样，在机构运动的每个循环中，当主动连杆运动到特殊点所描绘的圆弧段时，由于从动连杆与圆弧的特殊关系，从动滑块就会停止运动，从而实现间歇运动。

2）具有间歇运动的导杆机构。其导杆槽中线的某一部分采用圆弧形状，且该圆弧的半径与曲柄的长度相等。当机构运转时，在特定阶段能呈现出间歇运动的效果。

7. 了解组合机构的基本知识

根据陈列柜的组合机构部分，了解和认识组合机构的组合方式、运动特点及功用。

组合机构是由几个基本机构组合而成的。基本机构所能实现的运动规律或轨迹，都具有一定的局限性，无法满足多方面的要求，通过变异可以得到更多的运动特性，扩大基本机构的应用范围。但有限的构件和运动副组成的机构，只能满足有限的运动要求，对于更复杂的运动要求则可以通过基本机构及其变异机构适当的组合来实现。

组合机构的组合方式有很多，下面介绍常见的几种机构。

（1）行程扩大机构　它由连杆机构与齿轮机构串联组合而成，此机构中滑块与扇形齿轮相连，通过扇形齿轮的往复摆动扩大了滑块的行程。机构中扇形齿轮上的指针行程大于滑块行程。

（2）换向传动机构　它由凸轮机构和齿轮机构串联而成。在此采用了逆凸轮，只要设计不同的凸轮轮廓线，就可得到不同的输出运动规律，而且从动件还有急回特征。

（3）齿轮连杆曲线机构　由齿轮和连杆组成的齿轮连杆曲线机构，可实现较复杂的运动规律，其轨迹的形状取决于连杆机构的尺寸和齿轮的传动比。这种轨迹不是单纯的连杆曲线，也不是单纯的摆线，因此称它为齿轮连杆曲线，它比连杆曲线更复杂和多样化。

（4）实现给定运动轨迹的机构　它由凸轮机构和连杆机构并联而成，选取一个二自由度的五连杆机构，然后根据给定的轨迹设计凸轮轮廓线。这种组合机构的设计方法比较容易，因此被广泛采用。

（5）变速运动机构　变速运动机构由凸轮机构和差动轮系组成。凸轮的摆杆设在行星轮上，当轮系的转臂旋转时，摆杆沿凸轮表面滑动使行星轮产生附加的绕自身轴线的转动，这样太阳轮的运动为两个旋转运动的合成；若主动轴等速旋转，改变凸轮轮廓，则可得到从动件极其多样的运动规律。

（6）同轴槽轮机构　在这一机构中，曲柄是主动件，连杆上的圆销拨动槽轮转动，槽轮转动结束后，滑块的一端进入槽轮的径向槽内，将槽轮可靠地锁住。这个机构的特点是槽轮起动时无冲击，从而改善了槽轮机构的动力特性，提高了槽轮的旋转速度。

（7）误差校正装置　它是精密滚齿机的分度校正机构。当蜗轮副精度达不到要求时，可设计这套校正装置。这里采用了凸轮机构，凸轮与蜗轮同轴，凸轮转动便推动摆杆去拨动蜗杆轴向移动，这时蜗轮得到了一个附加运动，从而校正了蜗轮的转动误差。

（8）电动马游艺装置　它采用了锥齿轮和曲柄摇块机构。曲柄摇块机构完成马的高低位置变化和马的俯仰动作，而锥齿轮起运载作用的同时完成了马的前进动作，这三个运动合成后，马就显示了飞奔前进的生动形象。

8. 了解空间连杆机构的基本知识

根据陈列柜的空间连杆机构部分，了解和认识空间连杆机构的运动特点及应用。

在连杆机构中，如果各构件不都相对于某一参考平面做平面平行运动，则称为空间连杆机构。空间连杆机构所能实现的运动远比平面连杆机构复杂多样，常用于传递不平行轴间的运动，使从动件得到预期的运动规律或轨迹，已在轻工、纺织、航空、仪表、冶金、农业机械和机器人等领域获得了比较广泛的应用。

空间连杆机构中的四杆机构是最常见的。空间连杆机构的运动特征在很大程度上与运动副的种类有关，所以常用运动副排列次序来作为机构的代号。

（1）RSSR 空间机构　由两个转动副 R 和两个球面副 S 组成的机构称为 RSSR 空间机构，它采用了曲柄摇杆机构，常用于传递交错轴间的运动。若改变构件的尺寸，可设计成双曲柄或双摇杆空间机构。

（2）RCCR 联轴节　此联轴节是由两个转动副和两个圆柱副所组成的一种特殊空间四杆机构，一般用于传递夹角 90°的两相交轴间的传动。在实际应用中，连接两转盘的连杆可采用多根，以改善传力状况。此机构常被应用在仪表的传动机构中。

（3）万向联轴器　它有四个转动副且转动副的轴线都交汇于一点，因此，它具有球面机构的结构特点，可用来传递相交轴之间的转动，两轴的夹角可在 0°～40°内选取。它也是一种最常见的球面四杆机构，两轴的中间连杆常制成受力状态较好的盘状或十字架形状，而两轴端则制成叉状。一个万向联轴器传动时，主动轴与从动轴之间的转速是不等的；若采用双万向联轴器时，可得到主动轴与从动轴之间相等速度的传动。

（4）4R 揉面机　空间机构中连杆的运动比平面机构中的复杂多样，因此空间机构适宜在搅拌机中应用。在这个 4R 揉面机中，连杆的摇晃运动和连杆端部的轨迹，再配合其不断转动，从而达到了揉面的目的。

（5）角度传动机构　该机构含有一个球面副和四个转动副，属于空间五杆机构，其特点是输入轴与输出轴的空间位置可任意安排。此机构也是一种联轴器，当球面两侧的构件采取对称布置时，可使两轴获得相同转速。

（6）萨勒特机构　萨勒特机构用于产生平行位移，是一个空间六杆机构，其中一组构件的平行轴线通常垂直于另一组构件的轴线，当主动构件做往复摆动时，机构中的顶板相对固定底板做平行上下移动。

1.6　注意事项

1）不要用手人为地拨动构件。
2）不要随意按动控制面板上的按钮。
3）遵守实验室规则，规范操作，注意安全。

1.7　机构认知实验的未来发展方向

1. 技术手段的创新

（1）虚拟现实（VR）与增强现实（AR）技术的深度融合　利用 VR 技术创建高度逼真的虚拟机械零件机构环境，学生可以身临其境地观察和操作虚拟的机械零件和机构，进行虚拟拆卸、组装和运行实验。通过 AR 技术将虚拟的机械零件机构信息叠加到现实场景中，学生可以在实际的实验设备上看到虚拟的标注、说明和运动轨迹等信息，增强对机械零件机构的认知效果。

（2）人工智能与大数据技术的应用　借助人工智能算法，对学生在实验过程中的操作数据、认知数据进行分析和挖掘，了解学生的学习情况和认知难点，为学生提供个性化的学习建议和指导。利用大数据技术收集和分析大量的实验数据，发现机械零件机构设计和运行中的潜在问题和规律，为机械设计和制造提供参考。

（3）物联网与远程实验技术的发展　通过物联网技术将实验设备连接到网络，学生可以在任何时间、任何地点通过网络远程控制实验设备进行实验，实现实验资源的共享和优化配置。同时，物联网技术还可以实时监测实验设备的运行状态和环境参数，确保实验的安全和顺利进行。

2. 实验内容的拓展与深化

（1）多学科融合的实验内容　机构认知实验将与力学、材料科学、电子技术、控制科学等多学科进行深度融合，增加涉及多学科知识的实验项目，培养学生的跨学科思维和综合应用能力。例如，开展机电一体化、机器人技术等方面的实验，让学生了解机械零件机构在复杂系统中的应用。

（2）复杂机械系统的认知实验　从简单的机构认知实验向复杂机械系统的认知实验拓展，如汽车发动机、飞机起落架等复杂机械系统的模拟实验。通过对复杂机械系统的认知实验，学生可以更好地理解机构在实际工程中的协同工作原理和整体性能要求。

（3）创新设计与实践的实验内容　增加创新设计与实践的实验内容，鼓励学生提出新的机构设计方案，并通过实验进行验证和优化，培养学生的创新思维和实践能力，提高学生的工程素养和竞争力。

3. 实验教学模式的改革

（1）以学生为中心的教学模式　未来的机构认知实验将更加注重以学生为中心，采用项目式学习、探究式学习等教学方法，让学生在自主探究和实践中掌握机构的知识。教师将从传统的知识传授者转变为学生学习的引导者和帮助者，为学生提供必要的指导和支持。

（2）线上线下混合式教学模式　结合线上教学资源和线下实验教学，构建线上线下混合式教学模式。学生可以在线上学习机构的理论知识、观看实验演示视频、进行虚拟实验等，然后在线下进行实际的实验操作和实践活动。这种教学模式可以充分发挥线上线下混合式教学的优势，提高教学效果。

（3）校企合作的教学模式　加强与企业的合作，建立校企合作的教学模式。企业可以为学校提供先进的实验设备和技术支持，学校可以为企业培养具有实践能力和创新精神的高素质人才。通过校企合作，学生可以了解企业的实际需求，提高自身的就业竞争力。

第 2 章

机构运动简图测绘与分析实验

2.1 概述

用简单的线条和符号来代表构件和运动副，并按一定比例表示各运动副的相对位置，用以说明机构各构件间相对运动关系的简单图形，称为机构运动简图。机构运动简图符号是经过几百年机械工程实践逐步发展起来的重要符号语言，是进行抽象思维、实现具体思维的工具。借助这些符号，设计者可以准确描述人类社会对机器的需求，构思出实现预定运动的概念设计方案（机构运动简图）。

按所需运动功能要求、由组成机器的要素综合得到的机构运动简图，清晰地描述了机器的概念结构及各组成部分之间的相互关系，确定了各构件之间的连接形式和相对运动。利用机构运动简图在计算机上仿真，可以实现运动轨迹的再现，用以检验机器预定运动功能的实现。

借助机构运动简图，人们可以建立机器系统的力学-数学模型，分析其运动、动力特性，求解作用在各组成构件上的力，为进一步选择零件的材料、设计其承载能力奠定基础。

1. 运动副

机构都是由构件组合而成的，其中每个构件都以一定的方式与另一个构件相连接，这种连接既使两个构件直接接触，又使两个构件能产生一定的相对运动。每两个构件间的这种直接接触并能产生一定相对运动的连接称为运动副。构成运动副的两个构件间的接触不外乎点、线、面三种形式。

构件所具有的独立运动的数目称为构件的自由度。平面内的一个构件在未与其他构件连接前，可产生 3 个独立运动，也就是说具有 3 个自由度。常用平面运动副的表示方法见表 2-1。

运动副有多种分类方法。

（1）按运动副的接触形式分类　面与面接触的运动副称为低副，如移动副、转动副（回转副）；点与线接触的运动副称为高副，如凸轮副、齿轮副。

（2）按相对运动的形式分类　构成运动副的两构件之间的相对运动若为平面运动，则称为平面运动副；两构件之间只做相对转动的运动副称为转动副或回转副；两构件之间只做相对移动的运动副则称为移动副等。

（3）按运动副引入的约束数分类　引入 1 个约束的运动副称为 1 级副，引入 2 个约束的运动副称为 2 级副，依此类推，还有 3 级副、4 级副、5 级副。

（4）按接触部分的几何形状分类　根据组成运动副的两构件在接触部分的几何形状不同，可将运动副分为圆柱副、平面与平面副、球面副、螺旋副、球面与平面副、球面与圆柱副、圆柱与平面副等。

表 2-1　常用的平面运动副

名称	代表符号		
	两运动构件构成的运动副	两构件之一为固定件时构成的运动副	
转动副			
移动副			
凸轮副	尖顶从动杆	滚子从动杆	平底从动杆
齿轮副	外啮合	内啮合	齿轮齿条啮合
其他形式的高副			

2. 自由度的计算

自由度的多少取决于运动链活动构件的数目、连接各构件的运动副的类型和数目。平面机构的自由度可按如下公式计算：

$$F = 3n - 2P_L - P_H$$

式中，F 是机构自由度数；n 是活动构件数；P_L 是平面低副数目；P_H 是平面高副数目。

3. 机构运动简图

无论是对现有机构进行分析、构思新机械的运动方案，还是对组成机械的各机构做进一步的运动及动力设计与分析，都需要一种表示机构的简明图形。从原理方案设计的角度看，机构能否实现预定的运动和功能，是由原动件的运动规律、连接各构件的运动副类型和机构的运动尺寸（即各运动副间的相对位置尺寸）来决定的，而与构件及运动副的具体外形（高副机构的轮廓形状除外）、断面尺寸、组成构件的零件数目及方式等无关，因此，可用国家标准规定的简单符号和线条代表运动副和构件，并按一定的比例表示机构的运动尺寸，绘制出表示机构的简明图形，这种图形称为机构运动简图，它完全能表达机构的组成和运动特性。机构运动简图是一种用简单的线条和符号来表示工程图形的语言，要求能够描述出各机构相互传动的路线、运动副的种类和数目、构件的数目等。掌握机构运动简图的绘制方法是工程技术人员进行机构设计、机构分析、方案讨论和交流所必需的。

2.2　预习作业

1）机构运动简图中，移动副、转动副、齿轮副及凸轮副各应怎样表示？
2）什么是机构运动简图？什么是机构示意图？
3）绘制机构运动简图时，应如何选择长度比例尺和视图平面？
4）什么是复合铰链、局部自由度和虚约束？
5）机构具有确定运动的条件是什么？

2.3　实验目的

（1）掌握机构运动简图的测绘方法　能够通过对实际机构的观察和测量，将复杂的机械结构抽象为简单的运动简图。例如，在观察内燃机的实际运行时，准确地测绘出其曲柄滑块机构的运动简图，包括确定各个构件的相对位置、运动副的类型和位置等，从而学会用简单的线条和符号来表示实际机构的运动关系。

学会使用合适的工具（如卡尺、量角器等）进行尺寸测量，并且能够根据测量数据按照一定的比例绘制运动简图。这有助于学生熟悉机构的实际结构和尺寸对其运动的影响，为后续的机构分析和设计奠定基础。

（2）加深对机构组成和运动原理的理解　通过测绘不同类型的机构，可以直观地了解机构的组成部分，即构件和运动副的具体形式。例如，在测绘平面四杆机构时，能清楚地看到连杆、曲柄和摇杆等构件之间是如何通过转动副和移动副连接的，从而更好地理解机构的基本结构。

观察机构的运动过程，分析每个构件的运动形式（如转动、移动、平面运动等）以及构件之间的运动传递关系。例如，对于凸轮机构，能够理解凸轮的旋转运动是如何通过高副接触传递给从动件，使从动件产生预期的直线运动或摆动运动，从而深入理解机构的运动原理。

（3）学会分析机构的自由度　利用测绘得到的机构运动简图，根据机构自由度的计算公式计算机构的自由度。例如，在测绘完一个含有多个连杆和转动副的复杂平面连杆机构后，通过数出活动构件数和各种运动副的数量，准确计算出其自由度，判断机构是否具有确定的运动。

通过改变机构的某些参数（如增加或减少构件、改变运动副的类型等），观察机构自由度的变化情况，理解自由度与机构运动确定性之间的关系。这有助于培养学生对机构运动特性的分析能力，为设计具有特定运动要求的机构提供理论支持。

（4）培养实践动手能力以及对机构和简单机械的认知能力，加深对机构组成原理及其结构分析的理解　在实验过程中，学生需要亲自动手操作测量工具，对机构进行观察、拆卸（按老师要求）、测量和绘图等一系列操作，这能够锻炼他们的实践动手能力。例如，在拆卸和装配实际机构的过程中，学生可以熟悉机构的各个组成部分及其连接方式，提高自己的实际操作技能。

实验以小组形式进行，小组成员需要分工合作，共同完成机构的测绘和分析任务。在这个过程中，学生们可以相互交流、讨论，发挥各自的优势，培养团队协作精神，这对于今后从事复杂的机械设计和工程实践活动是非常重要的。

2.4　实验设备及简介

本实验的设备为机械原理多模块机械机构综合设计实验台和一套机构模型。

2.4.1　机械原理多模块机械机构综合设计实验台

机械原理多模块机械机构综合设计实验台按实际工业设备或流水线标准设计、加工、生产、装配和调试，各部件精度高，运动稳定可靠，主要包括9套常用机构，即圆棒料分离供给机构、牛头刨床机构、偏心冲床机构、颚式破碎机机构、柱状工件夹紧机构、抛光机构、对中夹紧机构、工业机械手抓取机构、铆钉机构。

1. 圆棒料分离供给机构

圆棒料分离供给机构是一种在工业生产中用于将成捆或堆积的圆棒料逐一分离，并按照一定节奏和方向准确供给到后续加工设备的自动化装置，广泛应用于机械制造、汽车零部件加工、电子设备制造等领域。

（1）工作原理　成捆圆棒料放入料仓，由分离装置将其逐一分离，再通过输送装置沿设定路径输送，定位与导向装置保证圆棒料姿态和位置准确，控制系统根据生产节奏和指令，精准控制各部件动作，实现圆棒料稳定、准确供给。

（2）应用领域

1）机械加工行业。如轴类零件加工，圆棒料分离供给机构为车床、铣床、磨床等设备提供坯料，实现自动化加工。

2）汽车零部件制造。汽车发动机的曲轴、凸轮轴等圆棒料零部件生产中，通过该机构保证供料精度和效率，满足大规模生产需求。

3）电子设备制造。生产电子设备中的小型轴类零件时，可利用该机构精确供给细小圆棒料，满足电子零件的高精度加工要求。

（3）结构分析　图2-1所示为圆棒料分离供给机构结构示意图。分析后可以得出：立板4和框架10为模型机架；气缸11为原动件；执行构件为上拨爪2和下拨爪7（开合运动）。

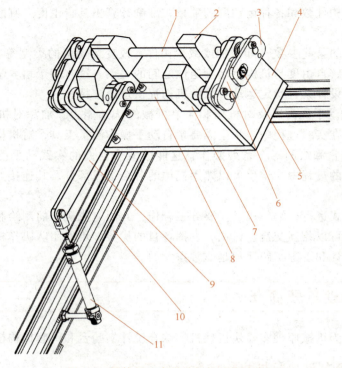

图 2-1　圆棒料分离供给机构结构示意图

1—上转轴　2—上拨爪　3—上摆臂　4—立板　5—滚轮　6—下摆臂

7—下拨爪　8—下转轴　9—连杆　10—框架　11—气缸

（4）机构分析的注意事项

1）下转轴与连杆一体，按一个构件分析。

2）滚轮处为凸轮机构，按高副处理。

2. 牛头刨床机构

牛头刨床是一种常见的金属切削机床，主要由床身、滑枕、刀架、工作台、横梁等部分组成。

（1）工作原理

1）主运动。电动机的旋转运动通过带传动传递到床头箱内的齿轮传动系统，经过变速后带动曲柄做匀速转动。曲柄的转动通过连杆使摇杆（或导杆）做往复摆动，摇杆（或导杆）的摆动带动滑枕做往复直线运动，装在滑枕前端的刨刀便实现了切削工件的主运动。在滑枕向前运动（工作行程）时进行切削，回程时不切削，以提高工作效率。

2）进给运动。在滑枕回程时，棘轮机构开始工作。与滑枕相连的棘爪在回程时推动棘轮转过一定角度，棘轮通过键与丝杠相连，带动丝杠转动，使工作台沿横梁导轨做横向进给运动，每次的进给量取决于棘轮的转角大小。刀架可通过手动操作螺旋传动机构实现垂直方向的进给，以控制切削深度。

（2）应用领域

1）单件小批量生产。在机械制造、修理车间等，牛头刨床机构可用于单件或小批量生产中加工各种平面、沟槽等。例如，加工小型零件的平面、T形槽、燕尾槽等，以及在平板上进行划线等辅助工作。

2）模具制造。牛头刨床机构可用于加工模具的一些平面和简单形状的型腔，为后续的精加工提供基础。

3）教学与实验。由于其工作原理相对简单，机构动作直观，故牛头刨床机构常被用于机械专业教学和实验，帮助学生理解机械运动原理和金属切削加工过程。

（3）结构分析　图2-2所示为牛头刨床机构结构示意图。分析后可以得出：底板6和导轨9为模型机架；小齿轮8为原动件；执行构件为滑枕1（左右往复运动）。

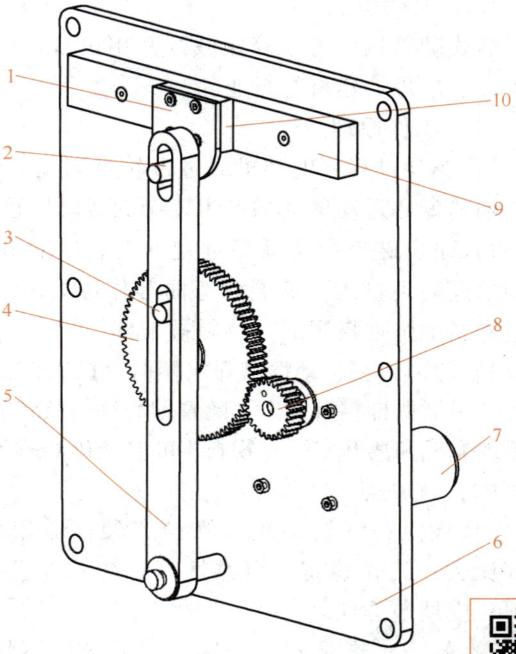

（4）机构分析的注意事项　除了齿轮传动为高副外，滑枕销轴、齿轮销轴处也均为高副。

3. 偏心冲床机构

偏心冲床机构又称偏心轮冲床机构，是以偏心轮作为主要传动部件的冲压设备。

（1）工作原理　偏心冲床机构通常由电动机、带轮、齿轮、偏心轮、连杆、滑块等部分组成。电动机通过带轮和齿轮带动偏心轮转动，偏心轮的转动中心与几何中心不重合，随着偏心轮的旋转，其偏心距会使连杆做上下往复运动，连杆再带动滑块在导轨上做上下往复直线运动，从而实现对工件的冲压加工。

（2）优缺点

1）优点：与曲轴冲床相比，偏心冲床的偏心轮结构相对简单、紧凑，占用空间较小；偏心冲床的滑块运动速度在冲压行程中变化较为均匀，能够满足一些对冲压速度稳定性要求较高的工艺需求，有利于提高冲压件的质量。

图2-2　牛头刨床机构结构示意图

1—滑枕　2—滑枕销轴　3—齿轮销轴
4—大齿轮　5—摆杆　6—底板　7—直流
电机　8—小齿轮　9—导轨　10—滑块

2）缺点：所能承受的冲压载荷相对较小，一般适用于中、小型冲压件的生产；精度保持性较差，需要定期进行维护和精度调整。

（3）应用领域

1）电子工业。在电子元器件制造中，偏心冲床机构可用于冲压各种小型电子零部件，如引脚、弹片等。这些零部件通常尺寸较小、精度要求高，偏心冲床机构的运动特性和精度能够满足其生产需求。

2）仪器仪表制造。偏心冲床机构可用于制造仪器仪表中的各种金属零部件，如表盘、外壳、连接件等。偏心冲床机构可以通过模具冲压出形状复杂、精度较高的零件，满足仪器仪表对零部件小型化、高精度的要求。

3）日常用品生产。在日常用品行业，偏心冲床机构可用于生产各类金属制品，如餐具、厨具、锁具等。通过不同的模具，可以冲压出各种形状和规格的产品，满足市场多样化的需求。

（4）结构分析　图2-3所示为偏心冲床机构结构示意图。分析后可以得出：底板5和销轴7为模型机架；偏心轮8为原动件；执行构件为推杆1（上下往复运动）。

（5）机构分析的注意事项　销轴7处为高副。

4. 颚式破碎机机构

颚式破碎机作为破碎领域的常用设备，广泛应用于矿山、冶炼、建材等行业。

（1）工作原理

1）驱动过程：电动机通过带轮带动偏心轴旋转。偏心轴的偏心运动使动颚产生复杂的运动轨迹。

2）挤压破碎：动颚靠近定颚时，物料在动颚与定颚之间受到挤压、劈裂和弯曲等作用力。当这些力超过物料的强度极限时，物料被破碎。

3）排料过程：动颚离开定颚时，已破碎的物料在重力作用下从排料口排出。随着偏心轴持续转动，动颚不断地靠近和离开定颚，物料不断被破碎和排出。

（2）优缺点

1）优点：结构简单，维护方便；适用范围广，破碎比大；工作稳定，可靠性高；初始投资成本低；排料粒度调节方便。

2）缺点：产量相对受限；产品粒度不均匀；易损件磨损快；工作时噪声大，粉尘多。

（3）应用领域

1）矿山行业。在各类金属矿山和非金属矿山开采中，颚式破碎机是初级破碎的首选设备。例如在铁矿石、铜矿石、石灰石矿等的开采中，该机构将大块的原矿石进行初步破碎，为后续的磨碎、选矿等工序提供合适粒度的原料。

2）建筑材料行业。颚式破碎机可用于生产建筑用砂石料，可将石灰石、花岗岩、玄武岩等石料破碎成不同粒度规格，满足建筑工程中对粗骨料、细骨料的需求。

3）冶金行业。在冶炼前用颚式破碎机对矿石进行预处理，将块状矿石破碎，以提高矿石的透气性和反应活性，便于后续的熔炼、烧结等工艺。

4）化工行业。用颚式破碎机对化工原料进行破碎，如煤炭、石膏、盐等，以便后续的化学反应或加工处理。

（4）结构分析　图2-4所示为颚式破碎机机构结构示意图。分析后可以得出：底板8为模型机架；偏心轮5为原动件；执行构件为动颚板1（左右摆动）。

5. 柱状工件夹紧机构

柱状工件夹紧机构是机械加工、装配等领域用于稳固和夹持柱状工件的装置。

（1）工作原理

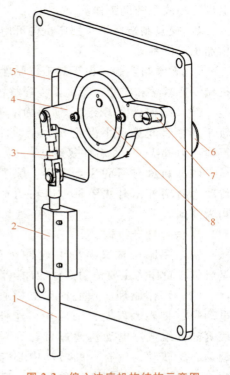

图 2-3　偏心冲床机构结构示意图

1—推杆　2—滑块座　3—调整连杆
4—偏心轮外摇杆　5—底板
6—电机　7—销轴　8—偏心轮

1）利用摩擦力夹紧。通过夹爪与柱状工件表面接触并施加压力，依靠两者之间产生的摩擦力来固定工件。例如常见的三爪卡盘，三个卡爪同步向中心移动，将柱状工件抱紧，卡爪与工件表面的摩擦力阻止工件在加工过程中产生位移和转动。

2）利用机械结构锁紧。一些夹紧机构利用楔块、弹簧等机械结构，将夹爪的运动转化为对工件的夹紧力，保证了夹紧力的持续作用。

（2）优缺点

1）优点：定位精度高；夹紧迅速；适应性强，多种结构形式可满足不同尺寸、材质、精度要求的柱状工件夹紧需求，适用范围广泛。

2）缺点：通用性有限，虽然有多种结构，但特定的夹紧机构通常只适用于一定尺寸范围和形状特点的柱状工件，更换不同规格工件时，可能需要更换夹紧机构或对其进行较大调整；夹紧力分布不均，尤其对于薄壁类柱状工件可能导致工件变形，影响加工精度；复杂工件装夹困难，对于形状复杂、表面不连续的柱状工件，普通夹紧机构难以实现有效夹紧，可能需要专门设计复杂的夹紧装置。

（3）结构分析　图2-5a所示为柱状工件夹紧机构结构示意图，如图2-5b所示为夹紧机构中夹紧执行构件结构示意图。分析后可以得出：底座6为模型机架；双杆双轴气缸5为原动件；执行构件为右爪2和左爪10（开合运动）。

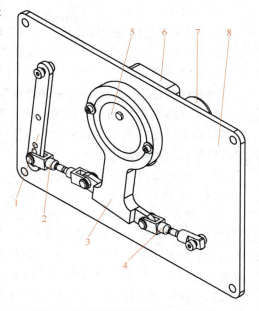

图 2-4　颚式破碎机机构结构示意图

1—动颚板　2、4—调整连杆　3—偏心轮摇臂
5—偏心轮　6—减速机　7—电机　8—底板

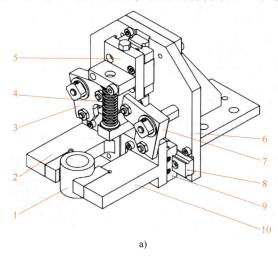

a)

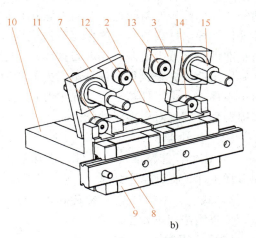

b)

图 2-5　柱状工件夹紧机构

a）柱状工件夹紧机构结构示意图　b）夹紧执行构件结构示意图

1—柱状工件　2—右爪　3—右角杆　4—弹簧　5—双杆双轴气缸　6—底座　7—左角杆
8—导轨　9—滑块　10—左爪　11、12、13、14—滚轮　15—角杆销轴

（4）机构分析的注意事项

1）弹簧仅用作辅助维持柱状工件夹紧用，机构分析时不考虑。

2）在 11、12、13、14 处的滚轮处为高副。

6. 抛光机构

抛光机构是用于对工件表面进行抛光处理，以提高其表面光洁度和平整度的装置。

（1）工作原理　当抛光机构的动力源（如电机）启动，带动曲柄做圆周运动。曲柄的圆周运动通过连杆转化为抛光工具的特定运动形式。这是基于连杆机构的运动转换原理，即把曲柄的回转运动转化为滑块（与抛光工具相连）的往复直线运动，或者实现其他特定轨迹运动。在这个过程中，连杆起到传递力和改变运动方向的作用。

（2）优缺点

1）优点：材料兼容性强；形状适应性好；可获得高表面质量；工艺灵活性高。

2）缺点：加工效率较低；对操作人员要求高；产生环境污染与噪声；耗材成本较高。

（3）结构分析　图 2-6 所示为抛光机构结构示意图。分析后可以得出：底板 5 为模型机架；曲柄 7 为原动件；执行构件为长连杆 2（左右摆动）。

7. 对中夹紧机构

对中夹紧机构是工业生产中用于精准定位并牢固固定工件的装置，主要通过感应检测与机械动作相配合，实现对工件的精确对中与牢固夹紧，确保生产流程的稳定性与精准度。

（1）工作原理　对中夹紧机构以气缸或液压缸等为动力源，其产生的直线往复运动经连杆部件传递与转换，带动夹紧执行构件动作。导向杆或滑轨能确保运动沿直线方向精准进行，减少偏差。在动力推动下，连杆机构运动使夹紧执行构件从不同方向同时向中心移动，将工件精准定位在中心位置并牢固夹紧，实现对中夹紧功能。

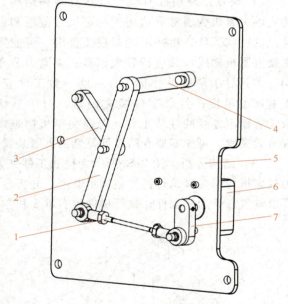

图 2-6　抛光机构结构示意图

1—调整连杆　2—长连杆　3、4—短连杆
5—底板　6—电机　7—曲柄

（2）优缺点

1）优点：能精准定位工件，确保加工与装配精度，还可快速操作，适配多样工件，提升生产效率。

2）缺点：结构复杂导致成本高，对工件定位基准要求严苛，且一旦故障，排查维修困难，会影响生产。

（3）应用领域

1）机械加工领域。在车削、铣削、磨削等加工中，对中夹紧机构可确保工件准确安装，保证加工精度。如在数控车床加工轴类零件，三爪卡盘对中夹紧工件，使加工出的外圆与中心轴线同轴度满足要求。

2）装配领域。当电子产品、汽车零部件装配时，对中夹紧机构可精确定位零部件，便于准确装配。如汽车发动机装配，对中夹紧机构可定位各缸体组件，保证装配精度，提高发动机性能。

3）检测领域。在工件尺寸、形状精度检测中，对中夹紧机构能保证工件每次处于相同位置，提高检测的准确性与重复性。如使用三坐标测量仪时，对中夹紧机构用于固定工件，使测量结果可靠。

4）焊接领域。焊接过程中，对中夹紧机构定位并夹紧待焊工件，可保证焊接接头位置精度，防止焊接变形。如大型钢结构件焊接，对中夹紧机构可确保各部件准确对接，提高焊接质量。

（4）结构分析　图2-7所示为对中夹紧机构结构示意图。分析后可以得出：框架13为模型机架；电推杆1为原动件；执行构件为上推杆7和下推杆3（开合运动）。

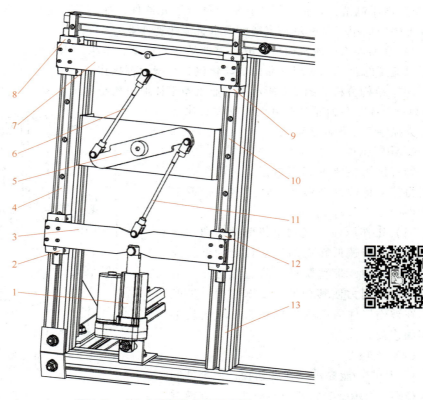

图2-7　对中夹紧机构结构示意图

1—电推杆　2、8、9、12—滑块　3—下推杆　4、10—导轨　5—主摇臂　6、11—可调连杆　7—上推杆　13—框架

8. 工业机械手抓取机构

工业机械手抓取机构通过动力源驱动传动部件，带动执行构件（抓手）实现物体抓取与释放。

（1）工作原理　工业机械手抓取机构以气动、电动或液压等作为动力源，经由连杆、齿轮、丝杠等传动部件传递并转换运动，如连杆改变力的方向和大小，丝杠将旋转变为直线运动，最终通过夹持实现对不同物体的抓取操作。

（2）优缺点

1）优点：结构相对简单，如连杆传动的机构零部件较少，设计、制造和维护难度低，成本也较为可控；此外，适应性强，通过调整参数及更换抓手，能适应不同尺寸、重量和形状物体的抓取。

2）缺点：抓取力和精度受限，气动和电动方式抓取力相对较小，难以应对重型物体，且因连杆间隙、传动部件磨损等，导致抓取精度一般，难以满足高精度任务；稳定性欠佳，在高速运行或抓取不规则物体时，连杆机构易抖动，影响抓取稳定性；同时，液压系统虽抓取力大，但结构复杂、成本高且存在泄漏风险，这些都限制了其在一些场景中的应用。

（3）应用领域

1）物流分拣。在快递、电商等物流仓库中，该机构用于分拣线上对不同规格的包裹、货物进行抓取和搬运，配合输送线实现自动化分拣。

2）电子制造。该机构用于抓取小型电子元器件，如芯片、电阻、电容等，在电路板组装等工序中应用，可满足一定精度要求且能快速作业。

3）食品加工。该机构可抓取各类食品，如饼干、糖果、水果等，适应食品行业对卫生和抓取速度的要求，实现食品的自动化包装、搬运等操作。

（4）结构分析　图2-8所示为工业机械手抓取机构结构示意图。分析后可以得出：底板1为模型机架；气缸活塞杆4为原动件；执行构件为抓手7（开合运动）。

9. 铆钉机构

铆钉机构主要是利用机械力、液压力或电磁力等，将铆钉变形并铆合连接两个或多个部件。

（1）工作原理　利用电机驱动，通过减速装置将高转速低转矩的运动转化为低转速高转矩的运动，带动铆钉工具直线运动，对铆钉施加作用力使其变形，使铆钉的一端变形，在被连接件的孔内形成镦头，从而将部件牢固连接。

（2）优缺点

1）优点：能提供高强度连接，使部件间结合稳固，可承受较大拉力与剪切力，在航空航天、汽车制造等对结构强度要求严苛的行业至关重要，可确保飞机、汽车等在复杂工况下安全运行；操作相对简便，工作效率高；适应性强，能跨越不同材质、厚度板材实现连接；具备可拆解性，维护成本低。

2）缺点：铆接后在被连接件表面会留下铆钉头，影响产品外观的平整与美观；铆接效率较低。

（3）应用领域

1）航空航天领域。铆钉机构可用于飞机机身、机翼等部件的连接，铆钉连接的高强度

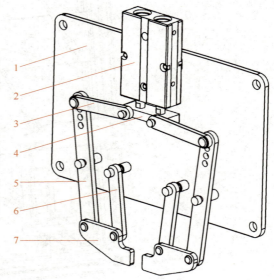

图 2-8　工业机械手抓取机构结构示意图

1—底板　2—双杆双轴气缸　3、6—短连杆
4—气缸活塞杆　5—长连杆　7—抓手

和可靠性能够保证飞机在飞行过程中的结构安全。例如飞机蒙皮与骨架之间的连接，多采用铆钉铆接。

2）汽车制造领域。铆钉机构广泛应用于汽车车身的组装，如车门、发动机盖、行李箱盖等部位的连接，以及底盘等部件的固定。同时，在汽车维修中也经常使用铆钉机构进行部件的修复和更换。

3）电子设备制造领域。铆钉机构可用于电子设备外壳、内部支架等的连接，如计算机机箱、手机外壳等。在一些对电磁屏蔽有要求的设备中，铆钉连接还可以起到良好的屏蔽作用。

4）建筑装饰领域。在钢结构建筑的连接以及一些装饰工程中，铆钉连接也有应用。例如钢结构的节点连接、金属幕墙的安装等，铆钉连接可以提供可靠的固定效果。

（4）结构分析　图2-9所示为铆钉机构结构示意图。分析后可以得出：底板6为模型机架，曲柄9为原动件，执行构件为铆钉工具2（上下往复运动）。

10. 实验台包含的其他元器件

（1）减速直流电机　图2-10所示为减速直流电机，表2-2为减速直流电机的主要技术参数。

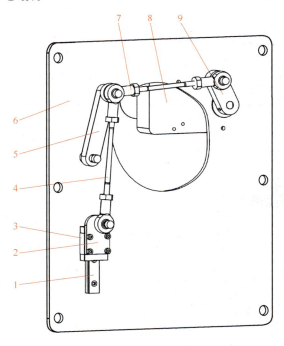

图 2-9　铆钉机构结构示意图

1—导轨　2—铆钉工具　3—滑块　4、7—可调
连杆　5—摆臂　6—底板　8—电机　9—曲柄

图 2-10　减速直流电机

表 2-2　减速直流电机的主要技术参数

序号	项目	参数	序号	项目	参数
1	减速比	44∶1	3	电压	24V
2	输出转速	40r/min	4	功率	15W

（2）双轴双杆气缸 图2-11所示为实验台采用的 TN16-15S 双轴双杆气缸，表2-3为双轴双杆气缸的主要技术参数。

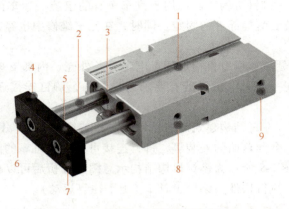

图 2-11 TN16-15S 双轴双杆气缸

1—磁性开关安装槽 2—活塞杆 3—防撞垫 4、5、6、7—安装孔 8、9—进出气孔

表 2-3 TN16-15S 双轴双杆气缸的主要技术参数

序号	项目	参数	序号	项目	参数
1	伸缩行程	50mm	4	推力	1850N
2	活塞杆速度	5mm/s	5	环境温度	10℃～75℃
3	电压	24V			

（3）电推杆 图2-12所示为实验台采用的 XYD-50-24 直流电推杆，表2-4为直流电推杆的主要技术参数。

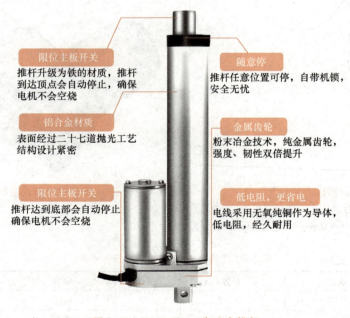

图 2-12 XYD-50-24 直流电推杆

表 2-4　XYD-50-24 直流电推杆的主要技术参数

序号	项目	参数	序号	项目	参数
1	满载速度	8mm/s	4	额定推力	1000N
2	行程规格	50cm	5	空载速度	5mm/s
3	额定电压	24V	6	防护等级	ip54

（4）不锈钢气缸　图 2-13 所示为实验台采用的 MA16-50 不锈钢气缸，表 2-5 为不锈钢气缸的主要技术参数。

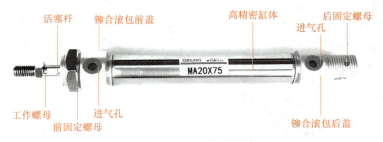

图 2-13　MA16-50 不锈钢气缸

表 2-5　MA16-50 不锈钢气缸的主要技术参数

序号	项目	参数	序号	项目	参数
1	缸径	16mm	6	缓冲机构	一般采用橡胶缓冲等方式
2	行程	50mm	7	润滑方式	无给油
3	工作介质	空气	8	活塞速度	50~500mm/s
4	工作压力范围	一般为 0.1~1.0MPa	9	耐压力	1.5MPa
5	使用温度范围	5~60℃	10	管连接口直径	M5×0.8

11. 控制方式

每个运动机构采用模块化设计并且是独立的运动单元，可分别控制，每个模块均采用直流电机（带减速器）、气缸或电推杆驱动，模块之间可根据需要自行拆装搭配，可调速。

图 2-14 所示为控制系统界面。

图 2-14　控制系统界面

2.4.2 其他独立机构模型

图 2-15～图 2-26 所示为实验用的其他独立机构模型。

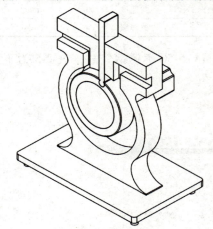

图 2-15 曲柄滑块泵机构

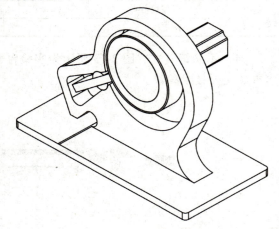

图 2-16 曲柄摇块泵机构

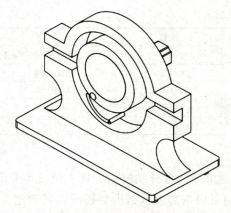

图 2-17 曲柄摇杆泵机构

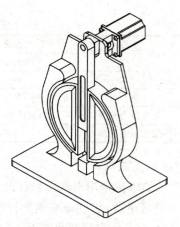

图 2-18 摆动导杆泵机构

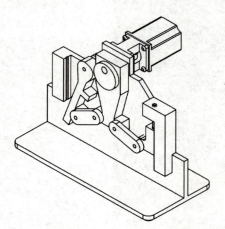

图 2-19 颚式破碎机机构

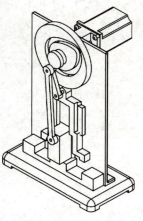

图 2-20 装订机机构

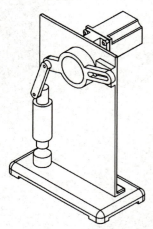

图 2-21 冲床机构

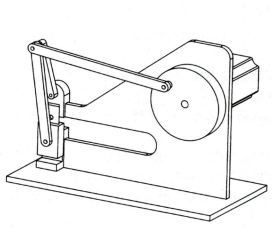

图 2-22　铆钉机构

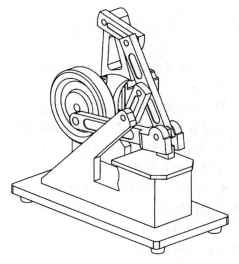

图 2-23　抛光机构

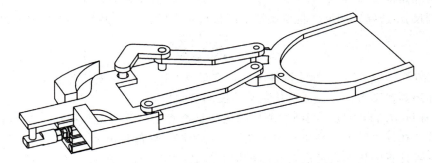

图 2-24　假肢关节机构

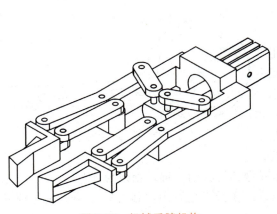

图 2-25　机械手腕机构

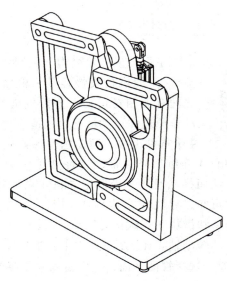

图 2-26　连杆制动机构

2.5 实验方法及步骤

1）了解待绘制的机器或模型的结构、名称及功用，认清机械的原动件、传动系统和工作执行构件。

2）缓慢转动模型手柄使机构运动，细心观察运动在构件间的传递情况，从原动件开始，分清各个运动单元，确定组成机构的构件数目。

3）根据相连接的两构件间的接触情况和相对运动特点，分别判定机构中运动副的种类、个数和相对位置。

4）取与大多数构件的运动平面相平行的平面为视图投影平面，将机构转至各构件没有相互重叠的位置，以便简单清楚地将机构中每个构件的运动情况正确地表达出来。

5）在草稿纸上按照从原动件开始的各构件连接次序用规定的运动副符号和简单的构件线条画出机构示意图。

6）仔细测量实际机构中两运动副之间的长度尺寸和相互位置（如两转动副之间的距离，移动副导路的位置等），对于高副机构应仔细测量出高副的轮廓曲线及其位置；然后以一适当比例尺 μ_1 选择比例尺，将草稿纸上的机构示意图在实验报告上按比例画出。

$$\mu_1 = \frac{\text{实际长度}}{\text{图示长度}}$$

7）用数字 1、2、3……标注构件序号，字母 A、B、C……表达各运动副，并在原动件上用箭头标出其运动方向，完成机构运动简图的绘制。

8）计算机构的自由度，判断被测机构运动是否确定，并与实际模型或实物相对照，观察是否相符。在计算时要注意机构中出现的复合铰链、局部自由度、虚约束等特殊情况，应特别指明；若计算的机构自由度与实际机构的运动确定情况矛盾时，说明简图或计算有错，应找出错误原因，并加以纠正。

2.6 举例

下面以偏心轮机构（见图 2-27）为例来简要说明机构运动简图的绘制方法。

1）使机构缓慢运动，根据各构件之间有无相对运动，分析机构的组成、动作原理和运动情况。该偏心轮机构由4个构件组成，原动构件偏心轮 1 绕固定轴心 A 连续回转，带动连杆 2 做复合平面运动，从而推动滑块 3 沿固定导轨 4 做往复运动。由此可知，导轨 4 和构件 1、构件 1 和连杆 2、连杆 2 和滑块 3 都做相对转动，回转中心分别在

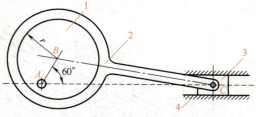

图 2-27 偏心轮机构

各自的转动轴心 A、B 和 C 点上，滑块 3 和导轨 4 做相对移动，移动轴线为 AC。

2）选择视图平面，选定机构某一瞬时的位置，在适当位置画出偏心轮 1 与固定导轨 4 构成的转动副 A。

3）测量各回转副中心之间的距离和移动导轨的相对位置尺寸，即 l_{AB}、l_{BC}、l_{CA} 和角 θ。

4）选取适当的比例尺，定出各运动副的相对位置，按规定的符号画出其他运动副 B、C。

5）用规定的线条和符号连接各运动副，进行必要的标注。

图 2-28 所示为该机构的运动简图。

图 2-28　偏心轮机构的运动简图

2.7　注意事项及常见问题

1. 注意事项

1）每人应按上述方法完成至少四种机构的运动简图绘制及自由度计算。

2）绘制运动简图时注意一个构件在中部与其他构件用转动副相连的表达方法。

3）绘制运动简图时注意高副中的滚子与转动副的区分，可用大些的实心圆表示高副滚子，用小些的空心圆表示转动副。

4）绘制机构运动简图时，在不影响机构运动特征的前提下，允许移动各部分的相对位置，以求图形清晰。

5）注意构件尺寸，尤其是固定铰链之间的距离及相互位置。

6）不增减构件数目，不改变运动副性质。

7）注意运动简图的标注，包括构件标出序号、原动件画出箭头、运动副标出字母等。

2. 常见问题

1）当两构件间的相对运动很小时，误认为是一个构件。

2）由于制造误差和使用日久等原因，某些机构模型的同一构件上各零件之间有稍许松动时，可能会误认为是两个构件。

3）在绘制机构运动简图过程中，常常出现高副表达不正确（例如高副表示成低副）或不完整的情况，应仔细分析，正确判断。

2.8　工程实践

在实际的生产实践中，为便于分析和讨论，通常需要绘制机构运动简图对新机构进行设计或对现有机构进行运动及动力分析，现介绍几种设备并进行分析。

1. 牛头刨床

牛头刨床（见图 2-29）是一种靠刀具的往复直线运动及工作台的间歇运动来完成工件的平面切削加工的机床，其主要由床身、滑枕、刀架、工作台、横梁等组成，因其滑枕和刀架形似牛头而得名。在工件加工过程中，滑枕的运动是切削过程中的主要运动，此运动在工作行程中是直线往复运动，它在整个运动过程中分为两个阶段，一个阶段为切削工件时的进给运动，另一阶段为回程阶段的回程运动。在工作进程中，电动机经过减速传动装置（带传动和齿轮传动）带动执行机构（导杆机构和凸轮机构）完成刨刀的往复运动和间歇移动，刨刀切削金属工件时，在不影响加工质量的情况下，要求刨头速度平稳，几乎接近匀速。返回时刨刀不切削工件，返回时的速度较快。由于滑枕的回程速度大于滑枕的工作行程的速度，因此回程时具有急回特性的特点。

图 2-29　牛头刨床

牛头刨床适合于单件小批量生产中刨削长度不超过 1000mm 的中、小型零件。刨削时由滑枕带着刨刀做水平直线往复运动，刀架可在垂直面内回转一个角度，并可手动进给，工作台带着工件作间歇的横向或垂直进给运动，常用于加工平面、沟槽和燕尾面等。它是刨削类机床中应用较广的一种机床，形成了几十个型号的系列产品，但其刨削效率较低，具有一定的局限性。

在构成牛头刨床的系统中，主运动机构（见图 2-30a）是牛头刨床实现刨削运动的主要执行机构，由于它的设计水平直接影响到工作性能的好坏，进而影响整机性能如工作效率、加工质量、设备寿命和其他经济指标，因此它是牛头刨床的关键部分。针对牛头刨床运动机构，目前采用的设计方法通常有两种，即图解法和解析法，前者精度较低，而后者计算复杂，一般只能对几个特定的位置进行分析。但对于一般的机构设计，图解法也是较为常用的一种，利用图解法进行机构设计的前提是绘制机构的运动简图。另外，为详细分析各构件的运动情况及判断牛头刨床机构是否具有确定的相对运动，需绘制出其机构运动简图（见图 2-30b）。

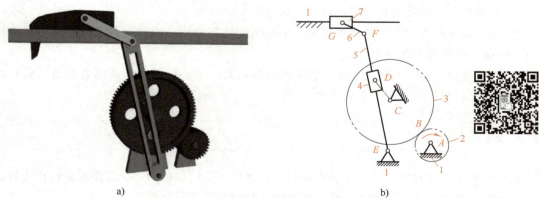

a)　　　　　　　　　　　　　　　　　b)

图 2-30　牛头刨床机构的运动原理

a）主运动机构　b）机构运动简图

2. 冲床

冲床（也称冲压式压力机，见图 2-31）是一种高效、精密的冲裁成型装备，是制造业

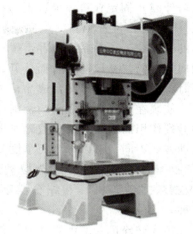

中非常重要的板材冲压工具。随着机械制造业的发展，冲床的种类也从原来的机械冲床、液压冲床，发展到数控冲床，再到现在的数控液压伺服冲床。液压伺服冲床不仅具有机械冲床运行速度快、效率高的特点，还具有液压冲床压力范围大和工作行程可调的优点。

冲压工艺本质上是一种提高金属性能的机械加工方法。利用冲床使板料发生热塑性变形或剥落，最终可获得在规格、力学性能等方面满足实际应用要求的金属冲压件。冲压工艺如今已经运用得相当广泛，冲压模具也被称为冷冲压模具，可以做到少废料甚至无废料生产。冷挤压工艺一次进行剪切、镦粗、反挤压成形，不需要车削、铣削等更高的加工工艺，批量生产成本较低。冲床用于对材料进行挤压，以改变零件的形状。与其他制造方法相比，冲压工艺可以加工刚性好、制造难度大、重量轻、形状复杂的零件。冲床的主运动系统设计原理是将圆周运动转换为直线运动，由主电动机作为输入装置，带动飞轮，经离合器带动齿轮、曲轴（或偏心齿轮）、连杆等运转，来实现滑块的直线运动。

图 2-31　冲床

图 2-32a 所示为冲床的主运动机构，它由偏心轮 1（和主动齿轮 1′为同一构件）、连杆 2、连杆 3、滚子 4、滚子 5、偏心轮 6（和从动齿轮 6′为同一构件）、滑块 7 和冲头 8 组成。为分析各构件的运动情况，需绘制出冲床的机构运动简图（见图 2-32b）。

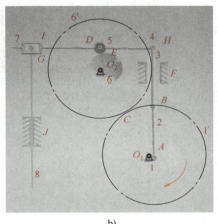

a)　　　　　　　　　　　　　　　　b)

图 2-32　冲床简化的主运动机构及机构运动简图

a）主运动机构　b）机构运动简图

3. 颚式破碎机

颚式破碎机（见图 2-33），简称颚破，主要用于对各种矿石与大块物料的中等粒度破碎，广泛运用于矿山、冶炼、建材、公路、铁路、水利和化工等行业。其性能特点为破碎比大，产品粒度均匀，结构简单，性能可靠，维修简便，运营费用低。

颚式破碎机的主运动机构工作部分是两块颚板，一块是固定颚板（定颚），垂直（或上端略外倾）固定在机体前壁上，另一块是活动颚板（动颚），位置倾斜，与固定颚板形成上大下小的破碎腔（工作腔）。活动颚板对着固定颚板做周期性的往复运动，时而分开，时而靠近。分开时，物料进入破碎腔，成品从下部卸出；靠近时，使装在两块颚板之间的物料受到挤压、弯折和劈裂作用而破碎。颚式破碎机按照活动颚板的摆动方式不同，可以分为简单摆动式颚式破碎机（简摆颚式破碎机）、复杂摆动式颚式破碎机（复摆颚式破碎机）和综合摆动式颚式破碎机三种。

图 2-33　颚式破碎机

　　颚式破碎机一般由原动机、传动装置和工作机三部分组成，其中工作机部分是由最基本、最典型的曲柄摇杆机构组成，图 2-34 所示为颚式破碎机机构运动简图。

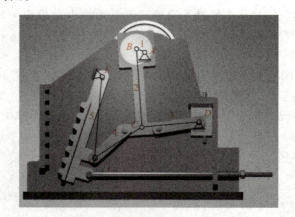

图 2-34　颚式破碎机机构运动简图

第 3 章

渐开线齿廓的展成实验

3.1 概述

近代齿轮齿廓的加工方法很多，有铸造法、热轧法、冲压法、模锻法、粉末冶金法和切制法等，目前最常用的是切制法。切制法中按切齿原理的不同，又分仿形法和范成法，其中范成法可以用一把刀具加工出模数、压力角相同而齿数不同的标准和各种变位齿轮齿廓，加工精度和生产率均较高，是一种比较完善、应用广泛的切齿方法，如插齿、滚齿、磨齿、剃齿等都属于这种方法。范成法加工是利用一对齿轮（或齿轮与齿条）啮合时，其共轭齿廓互为包络的原理来切齿的。加工时，其中的一轮磨制出有前、后角，具有切削刃口的刀具，另一轮为尚未切齿的齿轮轮坯，二者按固定的传动比对滚，好像一对齿轮（或齿轮齿条）做无齿侧间隙啮合传动一样；同时刀具还沿轮坯的轴向做切削运动，最后在轮坯上被加工出来的齿廓就是刀具刀刃在各个位置的包络线。常用的刀具有齿轮插刀、齿条插刀、齿轮滚刀等数种。

用范成法加工齿轮时，刀具的顶部有时会过多地切入轮齿的根部，将齿根的渐开线部分切去一些，产生根切现象。齿轮的根切会降低轮齿的抗弯强度，引起重合度下降，降低承载能力等，因此工程上应力求避免根切。

1. 齿轮插刀切制齿轮

图 3-1a 所示为用齿轮插刀切制齿轮的情形。插刀形状与齿轮相似，但具有切削刃。插齿时，插刀一方面与被切齿轮按定传动比做回转运动，另一方面沿被切齿轮轴线做上下往复

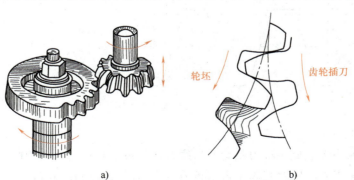

a)　　　　　　　　　　b)

图 3-1　齿轮插刀切制齿轮

的切削运动，这样，插刀切削刃相对于轮坯的各个位置所形成的包络线（见图 3-1b）即为被切齿轮的齿廓。其加工过程包含四种运动。

（1）范成运动　齿轮插刀与轮坯以定传动比 $i = w_0/w = z/z_0$ 转动，这是加工齿轮的主运动，称为范成运动。

（2）切削运动　齿轮插刀沿轮坯轴线方向做往复运动，其目的是将齿槽部分的材料切去。

（3）进给运动　齿轮插刀向着轮坯径向方向移动，其目的是切出轮齿高度。

（4）让刀运动　齿轮插刀向上运动时，轮坯沿径向做微量运动，以免刀刃擦伤已形成的齿面，在齿轮插刀向下切削到轮坯前又恢复到原来位置。

2. 齿条插刀切制齿轮

当齿轮插刀的齿数增加到无穷多时，其基圆半径变为无穷大，则齿轮插刀演变成齿条插刀，图 3-2a 所示为用齿条插刀切制齿轮的情形。插刀形状与齿条相似（见图 3-3），但具有切削刃，刀具直线齿廓的倾斜角即是压力角，刀具顶部比正常齿条高出 c^*m，是为了使被切齿轮在啮合传动时具有顶隙。刀具上齿厚等于齿槽宽处的直线正好处于齿高中间，称为刀具中线。切制标准齿轮时，刀具中线相对于被切齿轮的分度圆做纯滚动，同时，刀具沿被切齿轮轴线做上下往复的切削运动。这样，插刀切削刃相对于轮坯的各个位置所形成的包络线（见图 3-2b）即为被切齿轮的齿廓。

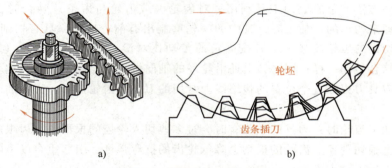

a) 　　　　　　　　　　　　b)

图 3-2　齿条插刀切制齿轮

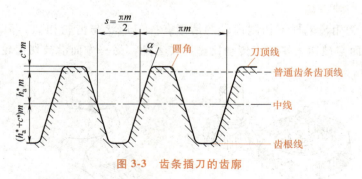

图 3-3　齿条插刀的齿廓

3. 滚刀切制齿轮

滚刀的形状像一个螺旋，滚刀螺旋的切线方向与被切轮齿的方向相同。由于滚刀在轮坯端面上的投影是一齿条，因此它属于齿条形刀具。当滚刀连续转动时，相当于一根无限长的齿条向前移动。由于齿轮滚刀一般是单头的，其转动一周，就相当于用齿条插刀切齿时刀具移过一个齿距，所以用齿轮滚刀加工齿轮的原理和用齿条插刀加工齿轮的原理基本相同。

目前广泛采用的齿轮滚刀为连续切削，生产效率较高。图 3-4a 所示是利用滚刀切制齿轮的情形。滚刀外形类似于开出许多纵向沟槽的螺旋（见图 3-4b），共轴向剖面的齿形和齿条插刀相同。切齿时，滚刀和被切齿轮分别绕各自轴线回转，此时滚刀就相当于一个假想齿条连续地向一个方向移动。同时滚刀还沿轮坯轴线方向缓慢移动，直至切出整个齿形。

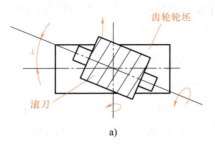
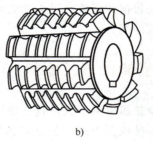

a)　　　　　　　　　　　　　　　b)

图 3-4　滚刀切制齿轮

在工厂实际加工齿轮时，人们无法清楚地看到刀刃包络的过程。通过本次实验，用齿轮范成仪来模拟齿条刀具与轮坯的范成加工过程，将刀具刀刃在切削时曾占有的各个位置的投影用铅笔线记录在绘图纸上。齿轮的渐开线齿形是参加切削的刀齿的一系列连续位置的刃痕线组合，并不是一条光滑的曲线，而是由许多折线组成的。尽量让折线细密一些，可使齿廓更光滑。在这个实验中，能够清楚地观察到齿轮范成的全过程和最终加工出的完整齿形。

3.2　预习作业

1）范成法加工标准齿轮时，刀具中线与被加工齿轮的分度圆应保持_____，当加工正变位齿轮时，刀具应_____齿轮毛坯中心，当加工负变位齿轮时，刀具应_____齿轮毛坯中心。

2）复习标准齿轮及变位齿轮分度圆、齿顶圆、齿根圆、基圆、齿距、齿厚、齿槽宽的计算公式。

3）渐开线形状与基圆大小有何关系？齿廓曲线是否全是渐开线？

4）用范成法加工渐开线标准直齿轮时，什么情况下会产生根切现象？如何避免根切？

5）标准齿轮齿廓和正变位齿轮齿廓的形状是否相同？为什么？

6）变位齿轮的基圆压力角、分度圆压力角和齿顶圆压力角是否与标准齿轮的相同？

3.3　实验目的

（1）加深对渐开线齿廓形成原理的理解　通过实际观察渐开线齿廓的展成过程，直观地认识渐开线是如何由发生线在基圆上纯滚动而形成的，强化对渐开线性质的理解，如渐开线上任意点的法线必与基圆相切等。

（2）掌握用展成法加工齿轮的基本原理和方法　了解展成法加工齿轮过程中刀具与工件之间的运动关系，以及如何通过这种运动关系获得所需的渐开线齿廓，为后续学习齿轮加工工艺奠定基础。

（3）分析齿轮加工中根切现象产生的原因及避免方法　在实验过程中，通过改变相关参数（如刀具位置、齿轮齿数等），观察根切现象的出现，分析其产生的原因，并探讨如何避免根切，加深对齿轮加工质量影响因素的认识。

（4）培养观察、分析和动手能力　在实验操作过程中，学生需要仔细观察展成运动过程，记录相关数据和现象，对出现的问题进行分析和解决，从而提高自身的实践动手能力和科学分析问题的能力。

3.4　实验设备及原理

为了看清楚齿廓的形成过程，用圆形的图纸做"轮坯"，在不考虑刀具做切削和让刀运动的前提下，使仪器中的"齿条刀具"与"轮坯"对滚，认为刀刃在图纸上所绘制出的各个位置的包络线，就是被加工齿轮的齿廓曲线。当范成仪上标准齿条刀具的中线与被加工齿轮的分度圆相切并做纯滚动时，加工出来的就是标准齿轮。当刀具远离轮坯中心做范成运动时，得到正变位齿轮轮廓曲线，当刀具移近轮坯中心做范成运动时，得到负变位齿轮轮廓曲线。为了逐步再现上述加工过程中刀刃在相对轮坯每个位置时形成包络线的详细过程，通常采用齿轮范成仪来实现。常用齿轮范成仪结构如图 3-5、图 3-6 所示，其工作原理分别简述如下。

1. 齿轮范成仪（Ⅰ）

图 3-5 所示为齿轮范成仪（Ⅰ）结构示意图。

图中，转动盘 1 能绕固定于机架 4 上的轴心 O 转动。在转动盘内侧固连有一个小模数的齿轮，它与拖板 5 上的小齿条 3 相啮合。通过调节螺钉 6，把模数较大的齿条刀具 2 装在拖板上。范成实验时，移动拖板，小齿条和齿轮的传动能使转动盘做回转运动，而固定于转动盘上的轮坯（圆形图纸）也跟着转动。这与被加工齿轮相对于齿条刀具运动相同。

松开调节螺钉 6，可以使"刀具"相对于拖板垂直移动，从而调节"刀具"中线至"轮坯"中心的距离，以便范成出标准齿轮或正负变位齿轮。在拖板与"刀具"两端都有刻度线，以便在"加工"齿轮时调节其变位量。

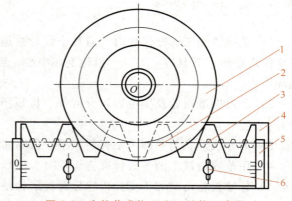

图 3-5　齿轮范成仪（Ⅰ）结构示意图
1—转动盘　2—齿条刀具　3—小齿条
4—机架　5—拖板　6—调节螺钉

2. 齿轮范成仪（Ⅱ）

图 3-6 所示为齿轮范成仪（Ⅱ）结构示意图。

图中，托盘 1 可绕固定轴转动，钢丝 2 绕在托盘 1 背面代表分度圆的凹槽内，钢丝两端固定在滑架 3 上，滑架 3 装在水平底座 4 的平导向槽内。所以，在转动托盘 1 时，通过钢丝 2 可带动滑架 3 沿水平方向左右移动，并能保证托盘 1 上分度圆周凹槽内的钢丝中心线所在圆（代表被切齿轮的分度圆）始终与滑架 3 上的直线 E（代表刀具节线）做纯滚动，从而实现对滚运动。代表齿条型刀具的齿条 5 通过螺钉 7 固定在刀架 8 上，刀架 8 架在滑架 3 上的径向导槽内，旋动旋钮 6，可使刀架 8 带着齿条 5 沿垂直方向相对于托盘 1 的中心 O 做径向移动。因此，齿条 5 既可以随滑架 3 做水平移动，与托盘 1 实现对滚运动，又可以随刀架 8 一起做径向移动，用以调节齿条中线与托盘中心 O 之间的距离，以便模拟变位齿轮的范成切削。

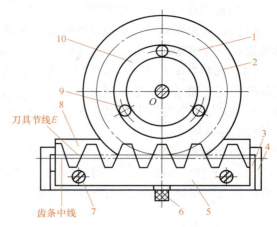

图 3-6　齿轮范成仪（Ⅱ）结构示意图

1—托盘　2—钢丝　3—滑架　4—底座　5—齿条
6—旋钮　7、9—螺钉　8—刀架　10—压环

齿条 5 的模数为 m（一般等于 20mm 或 8mm），压力角为 20°，齿顶高与齿根高均为 $1.25m$，只是牙齿顶端的 $0.25m$ 处不是直线而是圆弧，用以切削被切齿轮齿根部分的过渡曲线。当齿条中线与被切齿轮分度圆相切时，齿条中线与刀具节线 E 重合，此时齿条 5 上的标尺刻度零点与滑架 3 上的标尺刻度零点对准，这样便能切制出标准齿轮。

若旋动旋钮 6，改变齿条中线与托盘 1 中心 O 的距离（移动的距离 xm 可由齿条 5 或滑架 3 上的标尺读出，x 为变位系数），则齿条中线与刀具节线 E 分离或相交。若相分离，此时齿条中线与被切齿轮分度圆分离，但刀具节线 E 仍与被切齿轮分度圆相切，这样便能切制出正变位齿轮；若相交，则切制出负变位齿轮。

3. 实验工具

1）自备圆规、三角板、剪刀、铅笔、计算器等。

2）每班同学自制一张白色硬质圆纸，按三种外径尺寸进行剪裁：1/3 同学将外径裁成 230mm；1/3 同学将外径裁成 260mm；剩下同学将外径裁成 290mm，所有圆纸中心裁有 50mm 的圆孔。

3.5　实验步骤

用齿轮范成仪，分别模拟范成法切制渐开线标准齿轮和变位齿轮的加工过程，在图纸上绘制出 2~3 个完整的齿形。

1. 实验准备

（1）熟悉实验设备　了解齿轮范成仪的结构和工作原理。齿轮范成仪一般由底座、固定齿条刀具的机构、可转动的齿轮毛坯安装盘以及传动机构等部分组成。

（2）检查实验工具　检查是否配备有不同模数、齿数的齿轮毛坯，以及相应的齿条刀具。同时准备好绘图工具，如铅笔、橡皮、直尺等。

（3）确定实验参数　根据实验要求，选择合适的齿轮模数、齿数和压力角，根据所用齿轮范成仪的模数 m 和分度圆直径 d 求出被切齿轮的齿数 z，并计算其齿顶圆直径 d_a、齿根圆直径 d_f、基圆直径 d_b。

2. 安装刀具和齿轮毛坯

（1）安装齿条刀具　将选定的齿条刀具安装在齿轮范成仪的刀具安装机构上，确保刀具的齿廓与齿轮范成仪的运动方向平行，并且刀具的位置可以通过调节机构进行微调。

（2）安装齿轮毛坯　在已剪好的圆形图纸上，分别以 d 和 d_b 为直径画出两个同心圆。把齿轮毛坯（圆纸）安装在展成仪的齿轮毛坯安装盘上，使其中心与安装盘的回转中心重合，并通过夹紧装置固定牢固。注意齿轮毛坯的安装高度应与齿条刀具的高度相适配，以保证两者能正常啮合。

3. 范成标准齿轮

1）调节刀具中线，使其与被切齿轮分度圆相切［齿轮范成仪（Ⅰ）］或将齿条上的标尺刻度零点与滑架上的标尺刻度零点对准，此时齿条中线与刀具节线 E 重合［齿轮范成仪（Ⅱ）］。

2）切制轮廓时，先将齿条推至左（或右）极限位置，用削尖的铅笔在圆形图纸上画下齿条刀具齿廓在该位置上的投影线；然后转动托盘或转动盘一个微小的角度，此时齿条将移动一个微小的角度，将齿条刀具齿廓在该位置上的投影画在圆形图纸上。连续重复上述工作，绘制出齿条刀具齿廓在不同位置上的投影线，这些投影线的包络线即为被切齿轮的渐开线齿廓。

4. 范成正变位齿轮

1）根据所用齿轮范成仪参数，计算出不发生根切现象的最小变位系数 $x_{min} = 17 - z/17$，然后取变位系数 $x = x_{min}$，计算其齿顶圆直径 d_a 和齿根圆直径 d_f。

2）在另一张图纸上，分别以 d_a、d_f、d 和 d_b 为直径画出四个同心圆，并将其剪成直径比 d_a 大 3mm 的圆形图纸。

3）同"3. 范成标准齿轮"中的步骤 1）。

4）将齿条向远离转动盘或托盘中心的方向移动一段距离（大于或等于 x_{min}）。

5）同"3. 范成标准齿轮"中的步骤 2）。

图 3-7 所示为范成齿廓的毛坯图样。

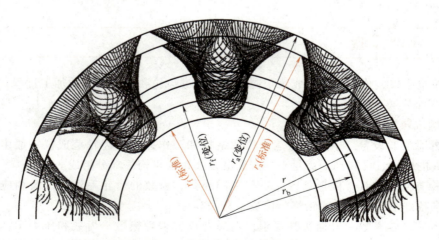

图 3-7　范成齿廓的毛坯图样

5. 完成实验报告三

3.6 注意事项及常见问题

1. 注意事项

1）在移动刀具过程中，一定要将"轮坯"纸片在转动盘或托盘上固定可靠，并保持"轮坯"中心与转动盘或托盘中心时刻重合，范成过程中不能随意松开或重新固定，否则可能导致实验失败。

2）每次移动刀具距离不要太大，否则会影响齿形的范成效果。每范成一种齿形都应将齿条从一个极限位置移至另一个极限位置，若移动距离不够，会造成齿形切制不完整。

3）用不同颜色的笔绘制标准渐开线齿轮和变位齿轮，并将两齿轮重叠起来，以便观察根切现象。

4）实验结束后，整理好齿轮范成仪和工具，使其恢复原状。

2. 常见问题

1）若本实验选用的齿轮范成仪模数较小而分度圆较大时，切制标准齿轮齿廓时发生的根切现象可能不明显。

2）若"轮坯"图纸较薄时或纸面不平整时，在范成过程中可能会出现刀具移动不畅的情况。

3.7 工程实践

在实际的生产实践中，标准齿轮自身存在的一些局限性，如齿数不能小于最少齿数、不适用于中心距不等于标准中心距的场合、小轮的强度较低等，限制了其推广和应用。为了突破标准齿轮的限制，要对齿轮进行必要的修正。将刀具相对于齿坯中心向外移出或向内移近一段距离加工出的齿轮称为变位齿轮，变位齿轮相对于标准齿轮的优点：缩小机构尺寸、避免根切、改善小轮磨损、提高齿轮强度、提高承载能力、配凑中心距等。采用变位修正法加工变位齿轮，不仅可以避免根切，而且与标准齿轮相比，齿厚、齿顶高、齿根高等参数都发生了变化，因而可以用这种方法来改善齿轮的传动质量和满足其他要求，降低噪声，且加工所用刀具与标准齿轮的一样，所以变位齿轮在各类机械中获得了广泛应用。

3.7.1 齿轮的应用

1. 齿轮泵

齿轮泵在工业、农业、商业、交通、航空、建筑等各个领域都得到了广泛的应用。齿轮泵（见图3-8）是依靠泵缸与啮合齿轮间所形成的工作容积变化和移动来输送液体或使之增压的回转泵。由两个齿轮、泵体与前后盖组成两个封闭空间，当齿轮转动时，齿轮脱开侧的空间的体积从小变大，形成真

图3-8 齿轮泵

空，将液体吸入，齿轮啮合侧的空间的体积从大变小，而将液体挤入管路中去。吸入腔与排出腔是靠两个齿轮的啮合线来隔开的。齿轮泵排出口的压力完全取决于泵出处阻力的大小。齿轮泵的特点是重量轻，工作可靠，自吸特性好，对污染不敏感，寿命长，造价低，维护方便，允许转速较高。

根据不同使用场合的要求、空间的限制和传动配合的要求，需要设计和制造出结构简单紧凑、符合承载要求、满足排量要求（特别是排油量大）的齿轮油泵。为了满足齿轮泵的特殊使用要求，使其具有优良的啮合性能、增强齿轮传动的弯曲强度、提高其耐磨性和抗胶合能力，齿轮泵的齿轮一般采用较少的齿数。而在较少齿数齿轮的加工过程中，不仅会大大减弱齿轮的强度，而且还特别容易产生根切现象，这就需要采用变位齿轮来实现其特殊要求。

变位齿轮应用于齿轮泵时有很多优点，如能够配凑中心距，使机构结构紧凑，适当的负变位使排量增大，正变位使齿根强度增大。对大型齿轮泵进行维修时，可用齿轮变位修复轮齿磨损，节约维修费用，缩短维修工期。

2. 采煤机齿轮传动

采煤机是实现煤矿生产机械化和现代化的重要设备之一，主要完成落煤和装煤工序。随着我国煤炭重工业的迅猛发展，高产高效的工作需求对采煤机（见图3-9）的性能要求越来越高。而在采煤机的机械传动中几乎都是直齿轮传动，所以齿轮成为采煤机的关键元件，其工作的可靠性直接影响采煤机的使用性能和使用寿命。而标准的齿轮传动又存在许多缺点，在一定程度上不能满足特殊工作场合的要求，故变位齿轮传动在采煤机上便获得了很好的应用。

图3-9 采煤机

（1）缩小结构尺寸　对采煤机而言，由于受到井下空间的限制，采用高度变位或正角度变位，可以将小齿轮齿数降低至 $z < z_{\min}$，从而使结构尺寸大大减小。

（2）增大承载能力　当采煤机中两齿轮的材料和尺寸给定后，采用正角度变位，可以使接触强度提高23%，个别情况下可提高34%左右。采用高度变位，随着小齿轮齿数的减少，弯曲强度将逐渐得到提高。例如：$z = 18$ 时，取 $x = 0.57$，弯曲强度提高20%左右；当 $z = 30$ 时，取同样的变位系数 $x = 0.57$，弯曲强度会提高35%左右。总之，合理选择变位系数有利于增大齿轮传动的承载能力、提高采煤机的工作性能。

3.7.2　齿轮加工的最新技术

（1）硬齿面滚齿技术　也称为刮削齿加工，是指采用特殊的硬质合金刀具，包括滚刀和插齿刀，来对硬齿面齿轮进行精加工和齿轮磨前半精加工的工艺技术，加工后齿面硬度可达58~62HRC，精度可达7级，适用于任意螺旋角、模数1~40mm的齿轮。普通精度齿轮可用"滚-热处理-刮削"流程，在同一台滚齿机完成粗精加工；对齿面粗糙度要求高的可在刮削后珩齿；高精度齿轮采用"滚-热处理-刮削-磨"路径，刮削作为半精加工替代粗磨，可节省 1/2~5/6 的磨削工时。

（2）干切削技术　无润滑切削，采用极高切削速度，用压缩空气等移走切屑和控制温度，当切削参数合适时，80% 的热量可被切屑带走。为延长刀具寿命、提升工件质量，每小时可用 10~1000ml 润滑油微量润滑，切屑仍可视为干切屑，不影响工件精度、表面质量和内应力，还可实时监测加工过程。

（3）齿轮的无屑加工　借助金属塑性变形或粉末烧结使齿轮齿形成形或提升齿面质量，分冷态成形（如冷轧、冷锻）和热态成形（如热轧、精密模锻、粉末冶金）。材料利用率可从传统切削的 40%~50% 提升至 80%~95%，生产率成倍增长，但受模具强度限制，一般用于加工模数小的齿轮或带齿零件，精度要求高的齿轮无屑加工后仍需切削精整。

（4）激光加工技术　可实现微米级甚至纳米级的加工精度，能够对齿轮进行高精度的齿形加工、齿面修整等操作，有助于提高齿轮的传动精度和降低噪声。

（5）多轴联动加工技术　使用多轴联动加工中心，可一次装夹完成多个工序加工，如五轴联动加工中心能实现滚齿、插齿、剃齿等多种工艺在同一设备上完成，还可配备集成式测量系统实现在线检测和自动修正，提高加工精度。

3.7.3　齿轮加工的发展趋势

（1）高精度加工　目前，市场对精密机械的需求增加，超硬材料刀具、激光加工等技术应用可进一步提高齿轮加工精度，以满足高端装备对齿轮传动精度的严苛要求。

（2）高效加工　高速切削技术、多轴联动加工、功能复合型机床等，可减少加工时间和辅助时间，提高生产率，缩短生产周期，降低成本，提升企业竞争力。

（3）绿色环保加工　随着人们环保意识的增强，干切削技术、微量润滑技术、低温冷风切削技术等绿色切削工艺将得到更广泛的应用，同时，还可以减少切削液的使用及其对环境的污染，降低资源消耗。

（4）智能化加工　在信息技术和人工智能技术的推动下，智能传感器实时监测加工参数，大数据分析和预测设备故障，实现加工过程的精准控制和智能化管理，提高加工质量稳定性和设备利用率。

（5）多功能复合加工　多种加工工艺集成于同一台设备的多功能复合加工是趋势，除了常见的车削、滚齿、倒角等工艺复合，未来可能会进一步融合更多的加工方式和检测手段，实现更复杂的齿轮加工和一体化生产。

第 4 章

渐开线直齿圆柱齿轮参数测定实验

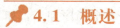 4.1 概述

齿轮是机械传动中应用最广泛也是最重要的传动零件之一。齿轮机构的实际工作性能不仅与齿轮基本参数的设计有关，还取决于齿轮的加工质量。经机械加工及必要的热处理、表面处理后，齿廓曲线是否符合设计要求必须通过测量，且对测得的数据进行分析处理后才能评定。正确掌握渐开线直齿圆柱齿轮参数的测定方法，是学习其他各种齿轮传动的重要基础。

4.2 预习作业

1) 直齿圆柱齿轮的基本参数有哪些？
2) 决定渐开线齿轮轮齿齿廓形状的参数有哪些？
3) 使用公法线千分尺时如何读数？
4) 何谓齿轮的测量公法线长度？标准齿轮的公法线长度 W_k 应如何计算？
5) 变位齿轮传动有哪些传动类型？其主要特征是什么？

4.3 实验目的

1) 掌握齿轮参数测量方法，通过实际操作，让学生熟练掌握使用游标卡尺等工具测量渐开线直齿圆柱齿轮的齿顶圆直径、齿根圆直径、公法线长度等尺寸，进而学会确定齿轮的模数、压力角、齿数、分度圆直径等基本参数。

2) 深化对齿轮参数概念的理解，将课堂所学的齿轮参数理论知识与实际测量相结合，加深对模数、压力角、分度圆、齿顶圆、齿根圆等概念的理解，明白各参数之间的关系。

3) 掌握渐开线标准直齿圆柱齿轮与变位齿轮的判别方法，了解变位对轮齿尺寸产生的影响。

4) 培养数据分析能力，锻炼学生的动手实践能力，使其在测量过程中学会正确使用测量工具，提高测量精度。同时，培养学生对测量数据进行分析处理的能力，能够根据测量结果判断齿轮是否为标准齿轮，并分析可能存在的误差及原因。

4.4 实验内容

单个渐开线直齿圆柱齿轮的基本参数有：齿数 z、模数 m、齿顶高系数 h_a^*、顶隙系数 c^*、分度圆压力角 α、变位系数 x。一对渐开线直齿圆柱齿轮啮合的基本参数有：啮合角 α'、中心距 a。齿轮的基本参数决定了其几何尺寸的大小；通过对几何尺寸的测量，即可确定齿轮的基本参数。

本实验的任务主要是运用公法线千分尺或游标卡尺对模数制直齿圆柱齿轮进行测量，通过计算与比较，测定出单个齿轮与成对齿轮的基本参数，并计算出齿轮的各几何尺寸。

4.5 实验设备及工作原理

1. 实验设备及工具

1）渐开线圆柱齿轮一对（奇数齿和偶数齿各一个）。

2）公法线千分尺和游标卡尺。

3）自备计算器及纸、笔等文具。

2. 公法线千分尺的工作原理

公法线千分尺主要用来测量模数大于 1mm 的外啮合圆柱直齿轮或斜齿轮两个不同齿面的公法线长度，其分度值为 0.01mm。图 4-1 为公法线千分尺测量示意图，为了便于伸入齿间进行测量，量爪做成碟形，除此之外，公法线千分尺的结构及使用方法均与外径千分尺相同。

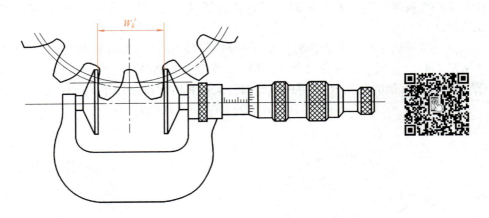

图 4-1 公法线千分尺测量示意图

用公法线千分尺测量时，应注意量爪与齿面接触的位置。如图 4-2a 所示，图中两个量爪与齿面在分度圆附近与渐开线相切，位置正确；图 4-2b 中两量爪接触位置在齿顶齿根处，因齿顶齿根修缘，常常不是渐开线，测量结果可能不准确；图 4-2c、图 4-2d 中两量爪接触位置远离分度圆，测量结果错误。

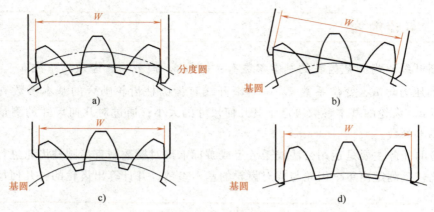

图 4-2 公法线千分尺测量时量爪接触位置

a）正确（在分度圆附近相切） b）不好（在齿顶、齿根处相切）

c）错误（在齿顶处相切） d）错误（在齿根处相切）

4.6 实验方法及步骤

1. 确定齿轮齿数 z

直接数出一对被测齿轮的齿数 z_1 和 z_2。

2. 测定齿轮齿顶圆直径 d_a 和齿根圆直径 d_f

齿轮齿顶圆直径 d_a 和齿根圆直径 d_f 可用游标卡尺测出，为了减少测量误差，同一测量值应在不同位置测量三次（每隔 120° 测量一次），然后取平均值。

1）当被测齿轮为偶数齿时，齿顶圆直径 d_a 和齿根圆直径 d_f 可直接用游标卡尺测定（见图 4-3）。

2）当被测齿轮为奇数齿时，必须采用间接测量法求得齿顶圆直径 d_a 和齿根圆直径 d_f（见图 4-4），分别测出齿轮安装孔直径 D、安装孔壁到某一齿齿根的距离 H_2，另一侧安装孔壁到某一齿齿顶的距离 H_1，再由下面的公式计算出齿顶圆直径 d_a 和齿根圆直径 d_f：

$$d_a = D + 2H_1 ; \quad d_f = D + 2H_2$$

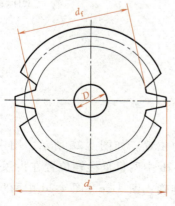

图 4-3 偶数齿测量

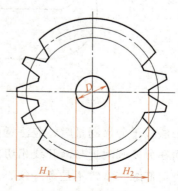

图 4-4 奇数齿测量

3. 计算齿高 h

1）当被测齿轮为偶数齿时，齿高 $h=(d_a-d_f)/2$。

2）当被测齿轮为奇数齿时，齿高 $h=H_1-H_2$。

4. 确定齿轮的模数 m 和压力角 α

齿轮的模数 m 和压力角 α 可以通过测量公法线长度 W_k 而求得。如图 4-5 所示，若公法线千分尺在被测齿轮上跨 k 个齿，其公法线长度为

$$W_k=(k-1)p_b+s_b$$

同理，若跨 $k+1$ 个齿，其公法线长度则应为

$$W_{k+1}=kp_b+s_b$$

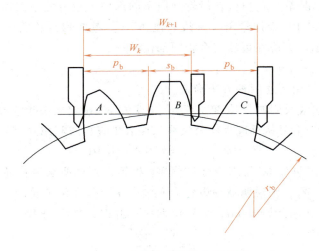

图 4-5　齿轮公法线长度的测量

故有

$$W_{k+1}-W_k=p_b \tag{4-1}$$

又因 $p_b=p\cos\alpha=\pi m\cos\alpha$

所以

$$m=\frac{p_b}{\pi\cos\alpha} \tag{4-2}$$

式中，p_b 是齿轮的基圆齿距，它可由公法线长度的测量值 W'_{k+1} 和 W'_k 代入式（4-1）求得。α 可能是 15°或 20°，故分别将 15°和 20°代入式（4-2）算出两个模数，取其最接近标准值的一组 m 和 α，根据基圆齿距表（见表 4-1）查出标准模数，即为所求齿轮的模数和压力角。

表 4-1　基圆齿距表

m	p_b/mm		m	p_b/mm		m	p_b/mm	
	20°	15°		20°	15°		20°	15°
1	2.205	3.035	4	11.300	12.137	7	20.665	21.241
2	5.904	6.090	5	14.761	15.172	8	23.617	24.275
3	8.856	9.104	6	17.237	18.207	9	26.569	27.301

5. 测量公法线长度 W_k'

（1）确定跨齿数 k 为使量具的测量面与被测齿轮的渐开线齿廓相切，所需的跨齿数 k 不能随意定，它受齿数、压力角、变位系数等多种因素的影响，实验时可参照表4-2初步确定。

表 4-2 跨齿数 k 选择对照表

z	12~18	19~27	28~36	37~45	46~54	55~63	64~72
k	2	3	4	5	6	7	8

（2）测量公法线长度 W_k' 和 W_{k+1}' 用公法线千分尺在被测齿轮上跨 k 个齿量出其公法线长度 W_k'。为减少测量误差，W_k' 值应在齿轮圆周不同部位上重复测量三次，然后取算术平均值。用同样方法跨（$k+1$）个齿量出公法线长度 W_{k+1}'。考虑到齿轮公法线长度变动量的影响，测量 W_k' 和 W_{k+1}' 值时，应在齿轮三个相同部位进行。

6. 确定齿轮的变位系数 x

齿轮的变位系数可由下述两种方法确定。

1）通过比较公法线长度测量值 W_k' 和理论计算值 W_k 确定。由于齿轮的 m、z、α 已知，所以公法线长度的理论值可从标准齿轮公法线长度表中查得或利用式（4-3）计算：

$$W_k = m[2.9521(k-0.5)+0.014z] \tag{4-3}$$

若公法线长度的测量值 W_k' 与理论计算值 W_k 相等，则说明被测齿轮为标准齿轮，其变位系数 $x=0$；若 $W_k' \neq W_k$，则说明被测齿轮为变位齿轮。因变位齿轮的公法线长度与标准齿轮的公法线长度的差值等于 $2xm\sin\alpha$，故变位系数可由式（4-4）求得：

$$x = \frac{W_k' - W_k}{2m\sin\alpha} \tag{4-4}$$

变位系数的计算值要圆整到小数点后一位数，并由此判断被测齿轮是何种类型（考虑到公法线长度上齿厚减薄量的影响，比较判定时可将测量值 W_k' 加上一个补偿量 $\Delta S = 0.1 \sim 0.25mm$）。

2）由基圆齿厚公式计算确定。由基圆齿厚计算式

$$s_b = s\cos\alpha + 2r_b\text{inv}\alpha = m\left(\frac{\pi}{2} + 2x\tan\alpha\right)\cos\alpha + 2r_b\text{inv}\alpha$$

得

$$x = \frac{\frac{s_b}{m\cos\alpha} - \frac{\pi}{2} - z\text{inv}\alpha}{2\tan\alpha} \tag{4-5}$$

式中，s_b 可由前述公法线长度公式求得，即

$$s_b = W_{k+1} - kp_b \tag{4-6}$$

将式（4-6）代入式（4-5）即可求出齿轮的变位系数 x_1、x_2。求出的变位系数要圆整到小数点后一位数，并判断该齿轮属于何种类型。

7. 确定齿轮的齿顶高系数 h_a^* 和顶隙系数 c^*

齿轮的齿顶高系数 h_a^* 和顶隙系数 c^* 可根据齿根高确定。齿根高的计算公式为

$$h_f = m(h_a^* + c^* - x) = \frac{mz - d_f}{2} \tag{4-7}$$

由式（4-7）可得：

$$h_a^* + c^* = \left[(mz - d_f)/2m\right] + x$$

1）当 $h_a^* + c^* = 1.25$ 时，则该齿轮为正常齿，其中 $h_a^* = 1$，$c^* = 0.25$。

2）当 $h_a^* + c^* = 1.1$ 时，则该齿轮为短齿，其中 $h_a^* = 0.8$，$c^* = 0.3$。

8. 确定一对相互啮合齿轮的啮合角 α' 和中心距 a'

首先判定一对测量齿轮能否相互啮合，若满足正确啮合条件，则将该对齿轮做无齿侧间隙啮合，用游标卡尺直接测量齿轮的孔径 d_{k1}、d_{k2} 及尺寸 b（测定方法见图4-6），由式（4-8）可得齿轮的测量中心距 a'：

$$a' = b + \frac{1}{2}(d_{k1} + d_{k2}) \tag{4-8}$$

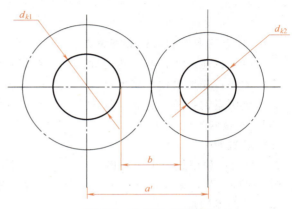

图4-6 中心距 a' 的测量

然后用式（4-9）计算啮合角 α'。分别将实际中心距 a' 与标准中心距 a、啮合角 α' 与标准压力角 α 加以对照，分析该对齿轮组成的传动类型及特征。

$$\alpha' = \arccos\left[\frac{m(z_1 + z_2)\cos\alpha}{2a'}\right] \tag{4-9}$$

4.7 注意事项及常见问题

1. 注意事项

1）当测量公法线长度时，必须保证卡尺与齿廓渐开线相切，若卡入 $k+1$ 齿时不能保证这一点，须调整卡入齿数为 $k-1$。

2）当测量齿轮的几何尺寸时，应选择不同位置测量 3 次，取其平均值作为测量结果。

3）测量尺寸至少应精确到小数点后两位。

4）由测量尺寸计算确定的齿轮基本参数 m、α、h_a^*、c^* 必须圆整为标准值。

2. 常见问题

1）若实验前忘记将游标卡尺与公法线千分尺的初读数调整为零，会影响测量结果，应设法修正。

2）若齿轮被测量的部位选择在粗糙或有缺陷之处，可能会影响测量结果的准确性。

4.8 工程实践

齿轮作为机械设备中一个非常重要的传动零件，在机床、汽车、拖拉机、飞机以及轻工业机械中得到广泛应用，其质量的好坏将直接影响到整机工作性能的发挥。

1. 工程背景

在工业生产中，经常会遇到某台机器设备中的齿轮损坏需要配制，或在无图纸和相关技术资料的情况下根据实物反求设计齿轮。此时就需要根据齿轮实物用一定的测量仪器和工具进行齿轮尺寸测量，以推测和确定齿轮的基本参数，计算齿轮的几何尺寸，给出齿轮的技术图样，从而能够加工和制造出所需齿轮。

然而，生产实际中齿轮的种类很多，就直齿圆柱齿轮来说就有模数制和径节制之分，有正常齿与短齿两种不同齿制，还有标准齿轮与变位齿轮两种不同的类型，压力角的标准值也有 20° 与其他值之别，这给实际齿轮参数测定带来了一定的困难。

2. 渐开线齿轮测量的最新方法

（1）基于三坐标测量机的测量方法

1）原理：通过测针与齿轮表面接触，获取各点坐标数据，计算齿轮各项参数。

2）优势：操作简便、精度高，一次装夹可测多项参数，适用范围广。

3）应用案例：机加工企业检测少量齿轮时使用，控制成本并提高效率。

（2）非接触式光学测量方法

1）激光测量。

① 原理：利用激光束照射齿轮表面，测量反射或散射信息获取几何形状和尺寸。

② 优势：测量速度快、精度高、非接触，适用于高速旋转、复杂和微小齿轮。

2）结构光测量。

① 原理：将结构光图案投射到齿轮表面，分析图案变形情况，计算三维尺寸。

② 优势：获取完整齿面信息，精度高，适用于齿面形貌测量。

3）数字图像相关测量。

① 原理：对齿轮不同位置或状态下的数字图像进行相关分析，计算变形和位移等参数。

② 优势：可用于齿轮动态特性测量，如运转中的变形和振动。

（3）超声测量方法

1）原理：利用超声波在齿轮材料中的传播特性，检测内部缺陷和几何参数。

2）优势：能检测内部裂纹、气孔等缺陷，对于质量控制和安全评估很重要。

3）应用案例：可用于航空航天、汽车制造等对齿轮安全性要求高的领域。

（4）基于测球和两瓣式测头的测量方法

1）原理：采用测球与齿轮齿面接触，两瓣式测头设计消除了人为因素，可提升稳定性和可靠性。

2）优势：测量内齿棒间距时，相比传统量棒和千分尺方法，精度和效率显著提高。

3）应用案例：DIATEST 内齿棒间距测量系统用于分度圆直径检测。

3. 齿轮参数测量的发展趋势

（1）智能化与自动化程度不断提高

1）自动化测量。随着机器人技术和自动化控制技术的发展，渐开线齿轮测量将越来越多地实现自动化。测量设备可以与机器人集成，实现齿轮的自动上下料、装夹和测量，减少人工干预，提高测量效率和准确性，同时降低人为因素对测量结果的影响。

2）数据分析与故障诊断。利用人工智能、机器学习和大数据分析技术，对测量数据进行深度挖掘和分析。不仅可以实现齿轮参数的精确测量，还能够自动识别齿轮的故障模式，如齿面磨损、裂纹、变形等，并进行故障诊断和预测，为齿轮的维护和维修提供依据。

（2）高精度测量技术的发展

1）新型传感器的应用。研发和应用更高精度的测量传感器，如激光传感器、纳米级位移传感器等。这些传感器具有更高的分辨率和测量精度，能够更准确地获取齿轮的几何参数和表面形貌信息。

2）测量精度的提升。通过改进测量方法和算法，优化测量系统的结构和参数，以及采用误差补偿技术等，不断提高渐开线齿轮测量的精度。例如，采用多传感器融合技术，将不同类型的传感器结合起来，实现优势互补，提高测量的整体精度。

（3）多功能集成化

1）多参数测量。测量设备将具备更加全面的测量功能，能够同时测量齿轮的多个参数，如齿形、齿向、齿距、齿厚、径向跳动等，实现一次性装夹完成所有关键参数的测量，提高测量效率和准确性。

2）与其他技术的融合。与计算机辅助设计（CAD）、计算机辅助制造（CAM）、计算机辅助工程（CAE）等技术相结合，实现齿轮测量数据的无缝传输和共享，为齿轮的设计、制造和质量控制提供一体化的解决方案。

（4）非接触式测量技术的发展

1）光学测量技术。激光测量、结构光测量、数字图像相关测量等非接触式光学测量技术将得到更广泛的应用。这些技术具有非接触、速度快、精度高、能够获取齿轮表面完整信息等优点，适用于对高速旋转齿轮、复杂形状齿轮和微小齿轮的测量。

2）超声测量技术。利用超声波在齿轮材料中的传播特性，实现对齿轮内部缺陷和几何参数的测量。超声测量技术可以检测到齿轮内部的裂纹、气孔等缺陷，对于齿轮的质量控制和安全评估具有重要意义。

（5）便携式测量设备的发展

1）小型化与便携化。开发体积小、重量轻的便携式齿轮测量设备，方便在现场对齿轮进行快速测量和检测。这种便携式设备可以满足不同场合的测量需求，如在生产现场、维修现场或野外作业等环境下对齿轮进行及时测量。

2）无线通信与数据传输。便携式测量设备将具备无线通信功能，能够与其他设备或系统进行数据传输和共享。测量人员可以通过手机、平板电脑等移动终端远程控制测量设备，实时获取测量数据，并进行数据分析和处理。

第 5 章

轴系结构创意设计及分析实验

5.1 概述

轴、轴承及轴上零件组合构成了轴系，轴系是机械设计中的关键环节，具有传递运动和动力的作用，对机器的正常运转有很大的影响。任何回转机械都具有轴系结构，因而轴系结构设计是机器设计中最丰富、最具有创新性的内容之一，轴系性能的优劣直接决定了机器的性能与使用寿命。如何根据轴的回转速度、轴上零件的受力情况决定轴承的类型，再根据机器的工作环境决定轴系的总体结构及轴上零件的轴向、周向的定位与固定等，是机械设计的重要环节。为设计出适合于机器的轴系，有必要熟悉常见的轴系结构，在此基础上才能设计出正确的轴系结构，为机器的正确设计提供核心的技术支持，轴系结构设计主要包括以下内容。

（1）轴上零件的装配方案　确定零件在轴上的装配顺序和方式，例如齿轮、带轮、联轴器等零件的安装位置和方向，考虑如何便于零件的装拆和固定。轴系结构设计方案见表5-1。

表 5-1　轴系结构设计方案

方案类型	方案号	已知条件				轴系布置示意图
		齿轮类型	载荷	转速	其他条件	
单级齿轮减速器输入/出轴	1-1	小直齿轮	轻	低	输入轴	
	1-2		中	高	输入轴	
	1-3	大直齿轮	中	低	输出轴	
	1-4		重	中	输出轴	
	1-5	小斜齿轮	轻	中	输入轴	
	1-6		中	高	输入轴	
	1-7	大斜齿轮	中	中	输出轴轴承反装	
	1-8		重	低	输出轴	

（续）

方案类型	方案号	已知条件				轴系布置示意图
		齿轮类型	载荷	转速	其他条件	
二级齿轮减速器输入/出轴	2-1	小直齿轮	轻	高	输入轴	
	2-2	大直齿轮	中	中	输出轴	
	2-3	小斜齿轮	中	高	输入轴	
	2-4	大斜齿轮	重	低	输出轴	
	2-5	小锥齿轮	轻	低	锥齿轮轴	
	2-6		中	高	锥齿轮与轴分开	
二级齿轮减速器中间轴	3-1	小斜齿轮大直齿轮	中	中		
	3-2	小直齿轮大斜齿轮	重	中		
蜗杆减速器输入轴	4-1	蜗杆	轻	低	发热量小	
	4-2	蜗杆	重	中	发热量大	

（2）轴上零件的定位和固定　零件安装在轴上，要有一个确定的位置，即要求定位准确，轴上零件的轴向定位是以轴肩、套筒、轴端挡圈和圆螺母等来保证的；轴上零件的周向定位是通过键、花键、销、紧定螺钉以及过盈配合来实现的。

（3）轴上零件的装拆和调整　为了使轴上零件装拆方便，并能进行位置及间隙的调整，常把轴做成两端细中间粗的阶梯轴，为装拆方便而设置的轴肩高度一般可取为 $1\sim3$ mm，安装滚动轴承处的轴肩高度应低于轴承内圈的厚度，以便于拆卸轴承。轴承间隙的调整，常用调整垫片的厚度来实现。

（4）轴的加工和装配工艺性　设计的轴结构应便于加工和装配，如避免轴上有过长的配合长度、设置退刀槽、砂轮越程槽等。

（5）轴上零件的润滑和密封　滚动轴承的润滑可根据速度因数 dn（d 为滚动轴承内径，单位为 mm；n 为轴承转速，单位为 r/min）值选择油润滑或脂润滑，不同的润滑方式采用的密封方式不同。

5.1.1　轴的结构设计

轴是组成机器的主要零件之一，其主要功用是支承回转零件、传递运动和动力。轴主要由三部分组成：安装传动零件轮毂的轴段称为轴头，与轴承配合的轴段称为轴颈，连接轴头和轴颈的部分称为轴身。轴头和轴颈表面都是配合表面，其余则是自由表面。配合表面的轴段直径通常应取标准值，并需确定相应的加工精度和表面粗糙度。

轴的结构设计是根据轴上零件的安装、定位以及轴的制造工艺等方面的要求，合理地确定轴的结构形式和尺寸。轴的结构设计不合理，会影响轴的工作能力和轴上零件的工作可靠性，还会增加轴的制造成本和轴上零件装配的困难等。因此，轴的结构设计是轴设计中的重要内容。

轴的结构设计主要取决于以下因素：轴在机器中的安装位置及形式；轴上安装的零件的类型、尺寸、数量以及与轴连接的方式；载荷的性质、大小、方向及分布情况；轴的加工工艺等。由于影响轴的结构的因素较多，设计时，必须具体情况具体分析，但不论何种具体条件，轴的结构都应满足：

1）轴应具有良好的加工工艺性。

2）轴上零件应便于装拆和调整。

3）轴和轴上零件要有准确的工作位置。

4）轴及轴上零件应定位准确、固定可靠。

5）轴系受力合理，有利于提高轴的强度、刚度和振动稳定性。

6）节约材料、减轻重量。

在进行轴的结构设计时，首先要拟订轴上零件的装配方案，这是轴进行结构设计的前提，它决定着轴的基本形式。其次是确定轴上零件的轴向、周向定位方式。常用的轴向定位方式有轴肩与轴环、套筒、轴端挡圈、圆螺母、弹性挡圈、紧定螺钉等，应合理选用。常用的周向定位方式有平键连接、花键连接、过盈配合连接、销连接等。最后确定各轴段的直径和长度。确定直径时，有配合要求的轴段应尽量采用标准直径，确定长度时，尽可能使结构紧凑。同时轴的结构形式应考虑便于加工和装配轴上零件，使生产率高，成本低。

5.1.2　轴承及其设计

轴承是支承轴及轴上回转件，并降低摩擦、磨损的零件。按相对运动表面的摩擦形式，轴承分为滚动轴承和滑动轴承两大类。

常用的滚动轴承已标准化，由专门工厂大批量生产，在机械设备中得到广泛应用。设计时只需根据工作条件选择合适的类型，依据寿命计算确定规格尺寸，并进行滚动轴承的组合结构设计。

5.1.3　轴系组合结构设计

在分析与设计轴与轴承的组合结构时，主要应考虑轴系的固定，轴承与轴、轴承座的配合，轴承的定位，轴承的润滑与密封，轴系强度和刚度等方面的问题。

5.1.4　轴系的固定

为保证轴系能承受轴向力而不发生轴向窜动、轴受热膨胀后不致将轴承卡死，需要合理地设计轴系的轴向支承、固定结构。不同的固定方式，轴承间隙调整方法不同，轴系受力及补偿受热伸长的情况也不同。常见的轴系支承、固定形式有下面几种。

1. 双支点单向固定（两端固定）

如图 5-1 所示，轴系两端由两个轴承支承，每个轴承分别承受一个方向的轴向力，两个支点合起来就可限制轴的双向运动。这种结构较简单，适用于工作温度较低且温度变化不大、支承跨距较小（跨距 $L \leqslant 350 \text{mm}$）的轴系。为补偿轴受热后的膨胀伸长，在轴承端盖与轴承外圈端面之间留有补偿间隙 a，$a \approx 0.2 \sim 0.4 \text{mm}$。间隙大小常用轴承盖下的调整垫片或拧在轴承盖上的螺钉进行调整。

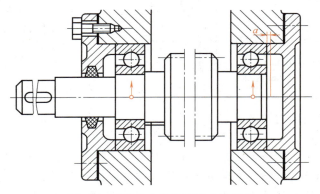

图 5-1　圆柱直齿齿轮轴的支承结构

图 5-2、图 5-3 所示分别为锥齿轮轴和蜗杆轴的支承结构。

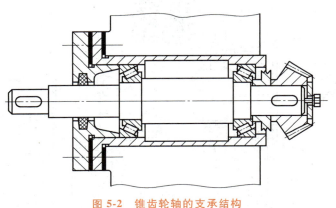

图 5-2　锥齿轮轴的支承结构

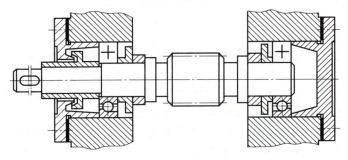

图 5-3　蜗杆轴的支承结构

2. 一端支点双向固定、另一端支点游动（单支点双向固定）

如图5-4所示，轴系由双向固定端（左侧）的轴承承受轴向力并控制间隙，由轴向移动的游动端（右侧）轴承保证轴伸缩时支承能自由移动，不承受轴向载荷。为避免松动，游动端轴承内圈应与轴固定。这种固定方式适用于工作温度较高、支承跨距较大（跨距 $L > 350mm$）的轴系。

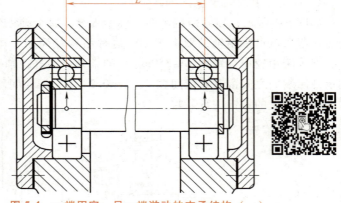

在选择滚动轴承作为游动支承时，若选用深沟球轴承，应在轴承外圈与端盖之间留有适当间隙（见图5-4）；若选用圆柱滚子轴承（见图5-5），可以靠轴承本身具有内、外圈可分离的特性达到游动目的，但这时内外圈均需固定。

图5-4 一端固定、另一端游动的支承结构（一）

3. 两端游动

这种方式一般用于人字齿轮传动。对于一对人字齿轮轴，由于人字齿轮本身的相互轴向限位作用，它们的轴承内外圈的轴向紧固应设计成只保证其中一根轴相对机座有固定的轴向位置，而另一根轴上的两个轴承（采用圆柱滚子轴承）轴向均可游动（见图5-6），以防止齿轮卡死或人字齿的两侧受力不均匀。

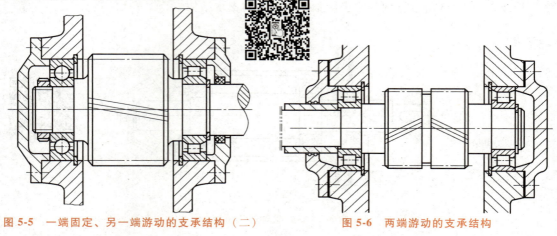

图5-5 一端固定、另一端游动的支承结构（二）　　　　**图5-6 两端游动的支承结构**

5.1.5　轴承的配合

因轴承的配合关系到回转零件的回转精度和轴系支承的可靠性，因此在选择轴承配合时要注意：

1）滚动轴承是标准件，轴承内圈与轴的配合采用基孔制，即以轴承内孔的尺寸为基准；轴承外圈与轴承座的配合采用基轴制，即以轴承的外径尺寸为基准。

2）一般转速越高、载荷越大、振动越严重或工作温度越高的场合，应采用较紧的配合；当载荷方向不变时，转动套圈的配合应比固定套圈的紧一些；经常拆卸的轴承以及游动支承的轴承外圈，应采用较松的配合。

5.1.6 轴承的润滑和密封

润滑和密封对于滚动轴承的使用寿命具有十分重要的影响。

1. 轴承的润滑

润滑的主要目的是减少轴承的摩擦和磨损，另外润滑还兼有冷却散热、吸振、防锈、密封等作用。滚动轴承常用的润滑方式有油润滑和脂润滑两种，具体可按速度因数 dn 来确定。

脂润滑简单方便，不易流失，密封性好，油膜强度高，承载能力强，但只适用于低速（dn 值较小）。装填润滑脂量一般以轴承内部空间容积的 $1/3\sim2/3$ 为宜。油润滑摩擦因数小，润滑可靠。但需要油量较大，一般适用于 dn 值较大的场合。

润滑油的主要性能指标是黏度，转速越高，应选用黏度越低的润滑油；载荷越大，应选用黏度越高的润滑油。润滑油的黏度可根据轴承的速度因数和工作温度查手册确定。若采用浸油润滑，则油面高度不应超过轴承最低滚动体的中心，以免产生过大的搅油损耗和热量。高速轴承通常采用喷油或油雾润滑。

2. 轴承的密封

密封的目的在于防止灰尘、水分、其他杂物进入轴承，并防止润滑剂流失。

密封方法可分为两大类：接触式密封如毡圈密封、唇形（骨架）密封圈密封（见图 5-7a、b）等，多用于速度不太高的场合；非接触式密封如油沟密封、迷宫式密封（见图 5-8a、b）等，通常用于速度较高的场合。如果组合使用各种密封方法，效果更佳。

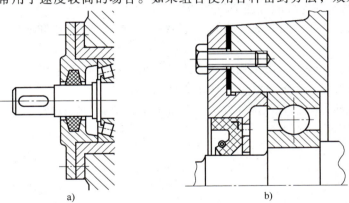

a)   b)

图 5-7 接触式密封

a）毡圈密封 b）唇形（骨架）密封圈密封

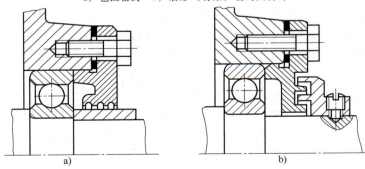

a)   b)

图 5-8 非接触式密封

a）油沟密封 b）迷宫式密封

5.1.7　轴系的刚度

轴系的刚度是保障轴上传动零件正常工作的重要条件，增大轴系的刚度对提高其旋转精度、减少振动及噪声、保证轴承寿命是十分有利的。

首先应根据负载和其他工作条件选用合适的轴承类型。如重载或冲击载荷的场合，宜选用滚子轴承；轴转速高时应选用球轴承；轴变形大或轴和轴承座有偏移时宜采用调心轴承。还应控制轴和轴承座本身的变形，这涉及轴的刚度设计和机架、机体零件的设计问题，可参照相应的设计资料进行。不同支承结构与排列的轴系，其刚度不同；轴系的刚度还与传动零件在轴上的位置有关。

综上所述，轴系结构设计中涉及的主要是装配、制造、使用调整等问题，具有较强的实践性，在理论课上很难讲述清楚。因此，为了提高学生轴系结构的设计能力，通过本实验来熟悉和掌握轴系的结构设计和轴承的组合设计，加深学生对课堂上所学知识的理解与记忆，大大提高其工程实践能力，为后面的综合课程设计训练打好基础。

5.2　预习作业

1）轴为什么要做成阶梯形状？如何区分轴上的轴头、轴颈、轴身各段？它们的尺寸是根据什么来确定的？轴各段的过渡部位结构应注意什么？

2）何为转轴、心轴、传动轴？自行车的前轴、中轴、后轴及脚踏板的轴分别属于什么类型的轴？

3）齿轮、带轮在轴上一般采用哪些方式进行轴向和周向固定？

4）滚动轴承的配合指的是什么？作用是什么？

5）简述滚动轴承的安装、调整方法。圆锥滚子轴承如何装配？

6）简述轴系结构的特点。

5.3　实验目的

（1）深化对轴系结构知识的理解　通过轴系结构创意设计及分析实验，学生能够深入理解轴系的基本组成部分，包括轴、轴承、联轴器、键等零部件的功能与相互关系。例如，在实验中亲自装配轴系，会清晰认识到轴是如何通过键连接带动齿轮传递转矩，以及轴承如何为轴提供支撑并保证其旋转精度。同时，对不同类型轴承（如深沟球轴承、圆锥滚子轴承等）的特点、适用场景有更直观的认识，明白为何在某些轴系中需选用特定类型的轴承来满足轴向和径向载荷的要求。

（2）培养创新设计能力　实验鼓励学生跳出传统轴系设计的框架，进行创意设计。在给定的设计要求下，学生需要发挥想象力，思考如何优化轴系结构以实现更好的性能或满足特殊的工作条件。例如，设计一个用于小型飞行器的轴系，既要考虑轻量化，又要保证足够的强度和稳定性，这就促使学生探索新的材料应用、结构布局方式，从而培养创新思维和设计能力。

（3）提升工程实践能力　实验过程涉及实际动手操作，从轴系的设计图纸绘制，到零部件的选择、加工与装配，再到对装配好的轴系进行性能测试与分析，每一个环节都与实际工程紧密结合。学生在这个过程中，不仅可以学会使用各种工具和仪器，如游标卡尺测量轴的尺寸、扭矩扳手装配螺母等，还能掌握工程设计的流程和方法，提高解决实际工程问题的能力。例如，在装配过程中遇到轴与轴承配合过紧或过松的问题，学生需要分析原因并找到合适的解决办法，如调整加工精度或更换配合方式。

（4）掌握轴系性能分析的方法　轴系结构创意设计及分析实验注重对轴系性能的分析。学生要学会运用理论知识和实验手段，对轴系的转速、转矩、振动、温度等性能参数进行测量和分析。通过对实验数据的采集与处理，判断轴系是否满足设计要求，如轴的强度是否足够，是否存在因不平衡导致的异常振动等问题。掌握这些性能分析方法，有助于学生在今后的工程设计中，能够准确评估轴系的工作状态，优化设计方案，确保轴系在各种工况下都能可靠运行。

（5）探索设计方法与优化策略　在实验中，学生可以尝试不同的设计方法，如基于经验的类比设计、基于理论计算的精确设计等，并比较它们的优缺点。同时，通过对实验结果的分析，探索轴系结构的优化策略。例如，通过改变轴的直径、调整轴承的布置位置或选用不同的材料，观察轴系性能的变化，从而总结出提高轴系性能的有效途径，为今后复杂轴系结构的设计提供参考和借鉴。

5.4　实验设备及工具

5.4.1　JDI-A 型轴系结构创意设计及分析实验箱

实验箱主要包括：

1）若干模块化轴段，可用来组装成不同结构形状的阶梯轴。

2）各种零件，如齿轮、蜗杆、带轮、联轴器、轴承、轴承座、轴承端盖、键、套杯、套筒、圆螺母、轴端挡圈、止动垫圈、弹性挡圈、螺钉、螺母、密封元件等，零件材料为铝合金，采用精密加工方式制作而成，供学生按照设计思路进行装配和模拟设计，能组合出多种轴系结构方案。

5.4.2　弧齿锥齿轮传动箱

弧齿锥齿轮传动箱通过弧齿锥齿轮的啮合来实现动力传递。主动齿轮轴输入动力，带动弧齿锥齿轮旋转，通过齿轮的啮合作用，将动力传递给从动齿轮轴，从而实现转速和转矩的改变。根据齿轮的不同布置和传动比设置，可以实现减速、增速或等速传动，并且能够改变动力输出方向。

1. 性能特点

（1）传动效率高　平均效率可达 98% 左右，能够有效地将输入动力传递到输出端，减少能量损失。

（2）承载能力大　可以承受较大的转矩和径向载荷，适用于各种重型机械设备的传动系统。

（3）传动平稳　弧齿锥齿轮的啮合特性使得传动过程平稳，振动小，噪声低，提高了设备的运行舒适性和可靠性。

（4）可正反运转　能够根据实际需求实现正向和反向运转，增加了设备的使用灵活性。

2. 结构

图 5-9 所示为弧齿锥齿轮传动箱的结构，主要由箱体、齿轮副、轴系、密封结构、润滑系统组成。

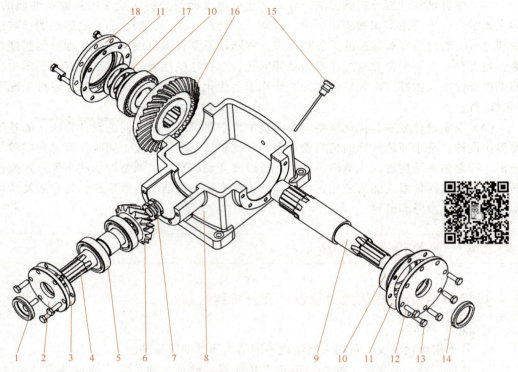

图 5-9　弧齿锥齿轮传动箱的结构

1—骨架密封（输入）　2—轴承端盖（输入端）　3—橡胶垫片（输入）　4—输入轴　5—推力角接触球轴承　6—小弧齿锥齿轮　7—圆螺母　8—箱体　9—输出轴　10—圆锥滚子轴承　11—橡胶垫片（输出）　12—轴承端盖（输出端透盖）　13—螺钉　14—骨架密封（输出）　15—油标尺　16—大弧齿锥齿轮　17—轴套　18—轴承端盖（输出端闷盖）

（1）箱体

1）材质与特性：通常采用高强度铸铁或铸钢材料制造，如高刚性 FC-25 铸铁，具有足够的刚度和强度，可以承受较大的轴向和径向载荷。本实验台箱体采用 6061 工业铝合金制造而成。

2）内壁加工：箱体内壁经过精密加工，为齿轮副提供精确的安装和定位基准，保证齿轮的啮合精度，减少振动和噪声。

（2）齿轮副

1）弧齿锥齿轮：由一对相互啮合的弧齿锥齿轮组成，其中一个为主动齿轮，与输入轴相连；另一个为从动齿轮，与输出轴相连。弧齿锥齿轮的齿面为螺旋形，这种独特的齿形设计使得传动更加平滑、连续，能够减少传动过程中的冲击和振动，并且啮合线较长，可分散啮合力，提高传动的稳定性和耐久性。

2）材料与工艺：一般采用优质高纯净度合金钢，如50CrMn调制加工，经渗碳淬火处理及研磨制成，具有较高的硬度、耐磨性和强度，能够承受较大的载荷和高速运转时的摩擦。本实验台齿轮采用304不锈钢制造而成。

（3）轴系

1）主轴（输出轴和输入轴）：应具备高悬重负荷能力，能够稳定地传递转矩和旋转运动。本实验台主轴采用304不锈钢制造而成。

2）轴承：输入轴采用推力角接触球轴承（7602035F/P4DBA），具有良好的轴向承载能力，能够承受较大的轴向力；输出轴采用圆锥滚子轴承（30308/P4）来支承齿轮轴，以提高传动的稳定性和承载能力。轴承的选择和布置要经过精心计算，确保齿轮副在高速运转时的稳定性和可靠性。

（4）密封结构 为防止润滑油泄漏和杂质侵入，输入和输出轴端采用骨架油封结构，利用橡胶唇部与轴的紧密贴合，阻止油液外泄和灰尘进入。

（5）润滑系统

1）强制润滑方式：配备强制润滑系统，通过油泵将润滑油输送到齿轮副的啮合部位，确保齿轮在高速、重载的工作条件下得到充分润滑，降低摩擦和磨损。

2）散热与循环：润滑油在循环过程中不仅能够减少齿轮副的摩擦和磨损，还能带走因摩擦产生的热量，起到散热的作用，保证传动箱的正常运行。回油管道则负责将润滑油回收再利用，提高润滑油的利用率。

5.4.3 蜗轮蜗杆传动箱

蜗轮蜗杆传动箱是一种用于机械传动的装置，它以蜗轮蜗杆传动为核心，能够实现动力的传递和转速、转矩的改变。一般情况下，蜗杆作为主动件，当蜗杆旋转时，其螺旋齿推动蜗轮的齿，使蜗轮产生转动，由于蜗杆的齿数（头数）通常远少于蜗轮的齿数，从而实现了大传动比的减速功能。此外，当蜗杆的导程角小于啮合轮齿间的当量摩擦角时，传动还具有自锁性，即只能由蜗杆带动蜗轮转动，而蜗轮无法带动蜗杆。

1. 性能特点

（1）传动比大 单级蜗轮蜗杆传动的传动比一般可达10~80，特殊情况下甚至更高，能在有限的空间内实现较大的减速比。

（2）结构紧凑 可以在较小的空间内实现大传动比，适用于对安装空间有严格要求的场合。

（3）传动平稳 蜗轮蜗杆传动过程中，啮合齿面间为多齿接触，且齿面相对滑动速度较小，运转平稳，噪声和振动较小。

（4）具有自锁性 在某些需要防止逆转的应用场景中，如提升设备、自锁装置等，自锁特性能够提供额外的安全保障。

（5）承载能力较大 轮齿接触强度较高，能够承受较大的载荷，适用于重载传动的场合。

（6）不足之处 效率相对较低，尤其是在具有自锁性的情况下，能量损耗较大；由于齿面间存在较大的相对滑动速度，蜗轮蜗杆的磨损相对较快，对润滑和散热要求较高；制造成本相对较高，特别是高精度的蜗轮蜗杆传动箱。

2. 结构

蜗轮蜗杆传动箱的结构如图 5-10 所示，主要由蜗轮与蜗杆、箱体、轴承、密封装置等部件组成。

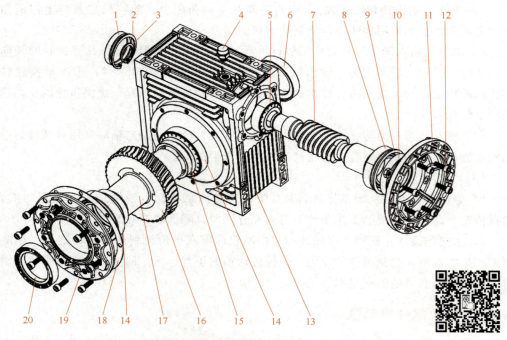

图 5-10　蜗轮蜗杆传动箱的结构

1—蜗杆密封端盖　2—孔用弹性挡圈（52）　3—轴用弹性挡圈（25）　4—油塞　5—圆锥滚子轴承（32205）
6、20—骨架密封（PD 50×71×14 NBR）　7—蜗杆　8—圆锥滚子轴承（32008）　9—孔用弹性挡圈（68）
10—骨架密封（PD 40×68×12 NBR）　11—输入法兰　12—螺钉　13—箱体　14—圆锥滚子轴承（32010）
15—轴套　16—蜗轮　17—蜗轮轴　18—垫片　19—输出法兰

1）蜗轮与蜗杆：这是传动箱的核心部件。蜗杆形状类似螺杆，有单头或多头之分；蜗轮则如同带齿的圆盘，其齿形与蜗杆相适配。

2）箱体：用于容纳和支承蜗轮、蜗杆以及其他零部件，通常由铸铁或铸铝等材料制成，具有足够的强度和刚性，以保证传动箱的稳定性和可靠性。

3）轴承：安装在蜗轮轴和蜗杆轴上，用于支承轴的旋转，减少摩擦和磨损，保证轴的旋转精度。常见的有滚动轴承和滑动轴承。

4）密封装置：为了防止润滑油泄漏以及外界灰尘、杂质等进入传动箱内部，设置了密封装置，如骨架密封、密封圈等。

5）其他部件：包括用于固定和连接的螺栓、螺母，以及一些用于润滑和冷却的辅助装置等。

5.4.4　单缸四冲程汽油机

单缸四冲程汽油机是一种常见的内燃机，由进气、压缩、做功和排气四个冲程组成一个工作循环。

1）进气冲程：活塞由曲轴带动从上止点向下止点移动，进气门打开，排气门关闭。气缸内形成一定真空度，空气和汽油的混合气经进气门被吸入气缸。

2）压缩冲程：活塞从下止点向上止点移动，进、排气门均关闭。混合气被压缩，温度和压力升高，为燃烧做功创造条件。

3）做功冲程：压缩冲程末，火花塞产生电火花点燃混合气，混合气剧烈燃烧，产生高温高压气体，推动活塞向下运动，通过连杆带动曲轴旋转对外做功。

4）排气冲程：活塞从下止点向上止点移动，进气门关闭，排气门打开，燃烧后的废气在活塞的推动下经排气门排出气缸。

1. 性能特点

（1）结构简单　相比多缸发动机，单缸四冲程汽油机结构较为简单，零部件数量少，制造成本低，维护和修理也相对容易，如小型摩托车、通用汽油机等常采用单缸四冲程汽油机，降低了整体成本和维护难度。

（2）轻巧灵活　体积小、重量轻，便于安装在各种小型设备上，如小型发电机、割草机、小型船舶等，能满足其对动力的需求，同时便于设备的移动和操作。

（3）起动迅速　在冷起动时，单缸发动机的预热时间相对较短，能较快达到工作温度，实现快速起动，可随时为设备提供动力。

单缸四冲程发动机的不足之处有下面几点。

1）动力输出有限。单缸发动机的气缸排量有限，每个工作循环只有一次做功冲程，动力输出相对较小，无法满足大功率设备的要求，如大型载重汽车、工程机械等一般不会采用单缸汽油机。

2）运转平稳性差。单缸发动机在工作过程中，各冲程的动力输出不均匀，导致曲轴转速波动较大，运转平稳性不如多缸发动机，振动和噪声较大，影响设备的使用舒适性和工作环境。

3）散热问题突出。由于单缸发动机的热量集中在一个气缸上，散热相对困难，长时间高负荷运转时，容易出现过热现象，影响发动机的性能和寿命，需要配备有效的散热装置。

2. 结构

单缸四冲程汽油机主要由曲柄连杆机构、配气凸轮轴机构和齿轮机构组成（见图 5-11）。

（1）曲柄连杆机构

1）曲轴是曲柄连杆机构的关键部件，通常为多拐结构，其拐数与发动机的气缸数相对应，单缸机则只有一个拐。曲轴上有主轴颈和连杆轴颈，主轴颈用于支承曲轴在曲轴箱内旋转，连杆轴颈与连杆大头相连，将活塞的往复运动转化为曲轴的旋转运动。曲轴一般采用高强度合金钢锻造而成，具有良好的韧性和耐磨性，以承受复杂的交变载荷。

2）连杆连接活塞和曲轴，将活塞的往复运动传递给曲轴。连杆小头与活塞销相连，一般采用衬套结构以减少磨损；连杆大头与曲轴的连杆轴颈相连，常见的有剖分式结构，通过连杆轴瓦与轴颈配合，便于安装和维修。连杆杆身通常为"工"字形或 H 形截面，在保证强度和刚度的同时减轻重量。

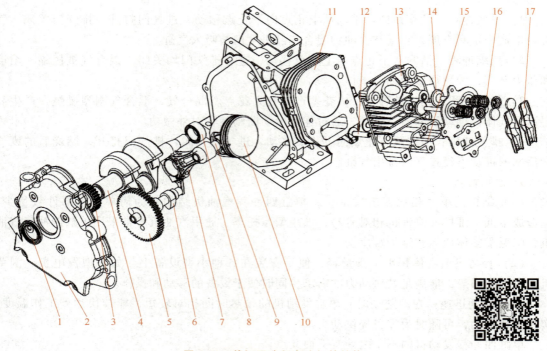

图 5-11　单缸四冲程汽油机的结构

1—深沟球轴承（6005）　2—曲轴箱侧盖　3—小齿轮　4—曲轴　5—大齿轮　6—凸轮轴　7—连杆
8—深沟球轴承（61804）　9—活塞销　10—活塞　11—曲轴箱　12—挺柱　13—气缸体
14—气门　15—推杆　16—气门弹簧　17—摇臂

3）活塞销连接活塞和连杆小头，是一个中空的圆柱形零件，一般采用优质碳素钢或合金钢制成，表面经过淬火和磨削处理，以提高硬度和耐磨性。活塞销在活塞销座和连杆小头衬套中转动，承受着复杂的交变载荷。

（2）配气凸轮轴机构

1）凸轮轴是配气凸轮轴机构的核心部件，通常由多个凸轮和凸轮轴轴颈组成。凸轮的形状和位置决定了气门的开启和关闭时间、升程等参数，其表面需要经过精密加工和热处理，以保证良好的耐磨性和耐疲劳性。凸轮轴轴颈与机体上的轴承配合，支承凸轮轴的旋转，一般采用滑动轴承或滚动轴承。为了保证凸轮轴的正常工作，还需要设置润滑和冷却系统，以减少摩擦和热量积累。

2）气门传动组包括挺柱、推杆、摇臂等部件，其作用是将凸轮轴的运动传递给气门，实现气门的开启和关闭。挺柱与凸轮直接接触，将凸轮的旋转运动转化为直线运动；推杆将挺柱的运动传递给摇臂；摇臂则通过摇臂轴支承，将推杆的运动放大并传递给气门，使气门按一定的规律开启和关闭。气门传动组的各部件之间需要保证良好的配合精度和运动灵活性。

（3）齿轮机构　在单缸四冲程汽油机中，齿轮机构主要用于驱动凸轮轴和其他附属设备，如机油泵、水泵等。正时齿轮通常采用一对相互啮合的圆柱齿轮，其中一个齿轮安装在曲轴上，另一个安装在凸轮轴上，通过精确的传动比确保凸轮轴与曲轴之间的同步运动，保证气门的开启和关闭时刻与活塞的运动相位相匹配。

5.4.5　使用工具

本实验使用的工具有扳手、螺钉旋具、游标卡尺、内外卡钳、300mm 钢直尺、铅笔、三角板、圆规等。

5.5　实验内容及步骤

1. 拆装学习

1）复习有关轴的结构设计与轴承组合设计的内容与方法。

2）分别拆装弧齿锥齿轮传动箱、蜗轮蜗杆传动箱和单缸四冲程汽油机，通过动手实践了解并掌握典型轴系结构的设计方法。

2. 构思轴系结构方案，绘制轴系结构设计装配草图

1）从轴系结构设计实验方案（见表 5-1）中选择设计实验方案号。

2）根据选定的实验设计方案绘制轴系结构设计装配草图，绘制装配草图时应注意要符合轴的结构设计、轴承组合设计的基本要求，如轴上零件的固定、拆装、轴承间隙的调整、轴的结构工艺性等。

3）进行轴的结构设计与滚动轴承组合设计。

4）每组学生根据规定的设计条件和要求，并参考绘制的装配草图确定需要哪些轴上零件，进行轴系结构设计。解决轴承类型选择，轴上零件的固定、装拆，轴承游隙的调整，轴承的润滑、密封、轴的结构工艺性等问题。

5）绘制轴系结构设计装配图。

3. 组装轴系部件

根据轴系结构设计装配草图，从实验箱中选取合适的零件，按照装配工艺要求顺序装到轴上，完成轴系结构设计。

4. 检查修改

检查轴系结构设计是否合理，并对不合理的结构进行修改。合理的轴系结构应满足下列要求。

1）轴上零件装拆方便，轴的加工工艺性良好。

2）轴上零件的轴向固定、周向固定可靠。

3）一般滚动轴承与轴过盈配合，轴承与轴承座孔间隙配合。

4）滚动轴承的游隙调整方便。

5）锥齿轮传动中，其中一锥齿轮的轴系设计要求锥齿轮的位置可以轴向调整。

5. 测绘

测绘各零件的实际结构尺寸（对机座不测绘、对轴承座只测量其轴向宽度），做好记录。

6. 完成实验报告五

将实际零件放回箱内，排列整齐，工具放回原处。根据结构草图及测量数据，在实验报告上按比例绘制轴系结构设计装配图，要求装配关系表达正确。

5.6 注意事项

设计完后检查以下事项。

1）轴上各键槽是否在同一条母线上？

2）轴上各零件能否装到指定位置？

3）轴上零件的轴向、周向是否固定可靠？

4）轴承能否拆下？

5）轴承游隙是否需要调整？如何调整？

6）轴系位置是否需要调整？如何调整？

7）轴系能否实现工作的回转运动？运动是否灵活？

轴系结构设计装配图中应标出：

1）主要轴段的直径和长度、轴承的支承跨距。

2）齿轮直径与宽度。

3）主要零件的配合尺寸，如滚动轴承与轴的配合、滚动轴承与轴承座的配合、齿轮（或带轮）与轴的配合等。

4）轴及轴上各零件的序号。

5.7 典型轴系结构示例

图 5-12～图 5-19 所示为 8 种典型的轴系结构示例。

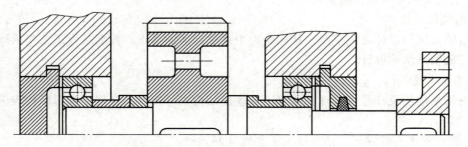

图 5-12　圆柱齿轮轴系结构示例（一）

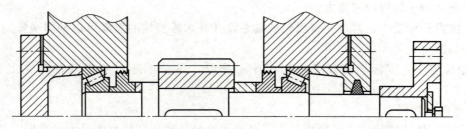

图 5-13　圆柱齿轮轴系结构示例（二）

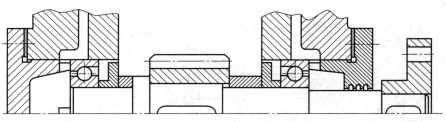

图 5-14　圆柱齿轮轴系结构示例（三）

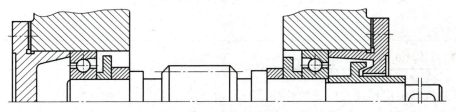

图 5-15　蜗杆轴系结构示例（一）

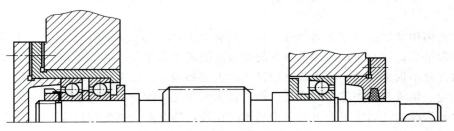

图 5-16　蜗杆轴系结构示例（二）

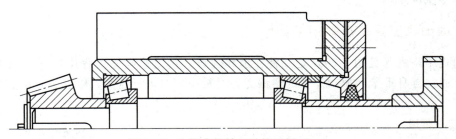

图.5-17　小锥齿轮轴系结构示例（一）

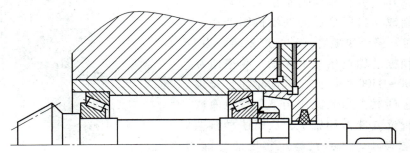

图 5-18　小锥齿轮轴系结构示例（二）

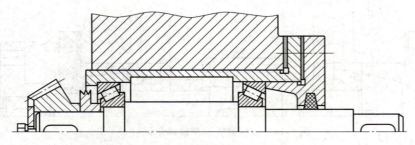

图 5-19　小锥齿轮轴系结构示例（三）

5.8　工程实践

　　轴系是机器中应用最为广泛的部件之一，轴系设计质量的好坏直接影响到机器是否为正常工作状态。一切作回转运动的传动零件都必须安装在轴上才能进行运动及动力的传递。轴需要用滚动轴承或滑动轴承来支承，机床主轴的强度和刚度主要取决于轴的支承方式和轴的工作能力。

　　轴系的结构设计没有固定的标准，要根据轴上零件的布置和固定方法，轴上载荷大小、方向和分布情况，以及对轴的加工和装配方法来决定。为保证滚动轴承轴系正常工作，即正常传递力并且不发生窜动，要正确选用轴承的类型和型号，还需要合理设计轴承组合，考虑轴系的固定、轴承与相关零件的配合、提高轴承系统的刚度等。要以轴上零件的拆装是否方便、定位是否准确、固定是否可靠来衡量轴结构设计的好坏。轴的结构设计要包括轴的合理外形和全部尺寸，要满足强度、刚度以及装配加工要求，拟订几种不同的方案进行比较，轴的设计要越简单越好。

5.8.1　振动式压路机后轮轴系结构

　　振动式压路机（见图 5-20）是一种在道路建设、场地平整等工程中广泛应用的压实机械设备，通过自身重量和振动产生的激振力，对被压材料进行压实，以提高其密实度和承载能力。

1. 工作原理

　　振动式压路机通过在滚轮或振动轮内安装振动机构来工作。振动机构通常由偏心轴、偏心块等部件组成，当压路机的发动机驱动偏心轴高速旋转时，偏心块随之转动，产生离心力。这个离心力使振动轮产生上下振动，频率通常在每分钟 1500~3500 次之间。振动轮在自身重力和振动产生的激振力共同作用下，对地面或被压材料进行反复冲击和压实，从而使材料颗粒之间的空隙减小，达到提高压实度的目的。图 5-21 所示为振动轮总装图。

图 5-20　振动式压路机

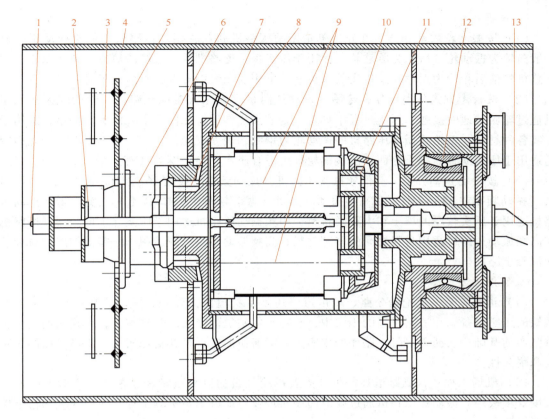

图 5-21　振动轮总装图

1—传感器　2—摆动液压缸　3—减振器　4—外圈　5—安装板　6—驱动电动机　7—轴承座
8—油管　9—偏心块　10—内圈　11—齿轮组　12—框架轴承　13—振动电动机

2. 结构组成

1）动力系统主要由发动机提供动力，常见的是柴油发动机，为压路机的行驶、振动等功能提供能量。

2）振动系统包括振动轮、振动轴、偏心块以及振动驱动装置等。振动轮是直接与被压材料接触并传递振动的部件；振动轴带动偏心块旋转产生振动；振动驱动装置则控制振动的频率和振幅。

3）行走系统由车架、轮胎或钢轮、传动装置和转向机构等组成。车架用于支承和连接各个部件；轮胎或钢轮是压路机与地面接触的部分，承担压路机的重量并实现行驶功能；传动装置将发动机的动力传递给行走轮，实现压路机的前进、后退和速度调节；转向机构则控制压路机的行驶方向。

4）操作系统包括驾驶舱内的各种操作手柄、仪表盘、踏板等，操作人员通过这些装置来控制压路机的行驶速度、振动频率、振幅等参数，确保压实工作的顺利进行。

5）洒水系统。为了防止振动轮在压实过程中与被压材料粘连，影响压实效果，振动式压路机通常配备洒水系统。该系统由水箱、水泵、水管和喷头等组成，能够定时定量地向振动轮表面喷水。

3. 分类

（1）按振动轮数量分类　可分为单轮振动压路机和双轮振动压路机。单轮振动压路机一般前轮为振动轮，后轮为驱动轮，常用于压实各种道路基础和较厚的填方材料；双轮振动压路机的前后轮均为振动轮，压实效果更好，适用于压实沥青混凝土路面等薄层材料。

（2）按行走方式分类　分为轮胎式振动压路机和钢轮式振动压路机。轮胎式振动压路机通过轮胎与地面接触，压实过程中具有一定的揉搓作用，能使压实表面更加平整，适用于压实各种材料；钢轮式振动压路机的振动轮为钢制，表面有光面、凸块等不同形式，光面钢轮适用于压实沥青混凝土路面，凸块钢轮则更适合压实黏性土壤等材料。

（3）按振动频率分类　有低频振动压路机（振动频率一般在 26~33Hz）、中频振动压路机（振动频率在 33~42Hz）和高频振动压路机（振动频率在 42Hz 以上）之分。低频振动压路机适用于压实较厚的填土和大粒径材料；中频振动压路机适用于压实介于低频振动压路机和高频振动压路机适用材料之间的多种材料；高频振动压路机则适用于压实薄铺层材料和沥青混凝土路面。

4. 应用领域

（1）道路施工　无论是公路、城市道路还是乡村道路的建设，振动式压路机都是不可或缺的压实设备。在道路基层的压实中，它能确保基层的密实度和平整度，为路面的铺设提供坚实的基础；在沥青混凝土路面的压实中，能够使沥青混合料更加密实，提高路面的平整度和耐久性。

（2）机场工程　机场跑道和停机坪需要承受飞机的巨大重量和频繁起降，对地面的压实度要求极高。振动式压路机通过高效的压实作业，能够满足机场工程对地面强度和稳定性的严格要求。

（3）水利工程　在堤坝、水闸等水利工程的建设中，振动式压路机用于压实土料、砂石料等材料，提高基础的防渗性能和稳定性，防止堤坝渗漏和坍塌。

（4）工业场地和停车场建设　在工业厂房、物流园区、停车场等场地的建设中，振动式压路机可以对场地进行压实，确保地面能够承受车辆和设备的荷载，防止地面下沉和变形。

5.8.2　工程实践中轴系结构设计的设计步骤

（1）需求分析与规划　明确轴系的功能需求，例如在船舶中要确定推进功率、转速范围等参数。根据这些需求初步规划轴系的类型（如单轴、双轴等）和基本布局。

（2）材料选择　考虑轴系的工作环境（如温度、腐蚀介质等），一般会选用高强度合金钢，像 40Cr 等，对于特殊环境可能采用不锈钢或特殊涂层材料。

（3）初步设计计算　进行轴的强度计算，根据扭转强度和弯曲强度公式确定轴的最小直径。计算轴系的临界转速，避免在工作转速范围内出现共振现象。

（4）详细设计　确定轴上各部件（如齿轮、联轴器等）的布置位置，考虑安装和拆卸的便利性。设计轴的结构细节，如轴肩的高度、键槽的尺寸和位置等。

（5）装配方案制定　规划各部件的装配顺序。对于大型轴系，可能需要借助特殊的工装设备，如大型吊车、滑道等。考虑穿装过程中的定位精度控制，例如采用定位销、挡块等措施。

（6）分析与优化　利用有限元分析软件（如 ANSYS 等）对轴系进行应力分析，检查是否存在局部应力集中点。根据分析结果对设计进行优化，如调整部件布局、改变轴的结构形状等。

5.8.3　轴系结构设计的发展趋势

（1）智能化设计　借助人工智能算法，根据大量的轴系设计案例数据，实现快速准确的设计方案生成。例如，利用机器学习算法预测轴系的性能，优化设计参数。

（2）高性能材料的应用　随着新型材料的发展，如碳纤维复合材料等轻质高强材料可能会在部分轴系设计中得到应用，以提高轴系的性能并减轻重量。

（3）集成化与模块化设计　将轴系与其他相关系统（如润滑系统、冷却系统等）进行集成化设计，提高整个动力系统的紧凑性和可靠性。同时采用模块化设计理念，方便维修和更换部件。

（4）绿色环保设计　在设计过程中充分考虑材料的可回收性、润滑剂的环保性等因素，减少对环境的影响。

第 6 章

输送机传动及减速器设计分析实验

6.1 概述

输送机传动系统是输送机的核心组成部分，负责为输送带提供动力，使其能够持续稳定地运输物料。它主要由电动机、联轴器、减速器、传动滚筒、输送带以及张紧装置等部件构成。电动机作为动力源，将电能转化为机械能，为整个传动系统提供动力。联轴器用于连接电动机和减速器的输入轴，起到传递转矩、补偿两轴相对位移以及缓冲减振的作用。减速器能够降低电动机的高转速，同时增大输出转矩，以满足输送带所需的动力要求。传动滚筒是与输送带直接接触的部件，通过摩擦力带动输送带运动，实现物料的输送。张紧装置可保证输送带具有足够的张力，防止输送带在传动过程中出现打滑现象，确保传动系统的稳定运行。

输送机传动系统具有多种类型，根据驱动方式的不同，可分为单滚筒驱动、双滚筒驱动和多滚筒驱动等；按照传动形式，又可分为带式传动、链式传动、齿轮传动等。不同类型的传动系统适用于不同的工况和物料输送要求，例如，带式传动具有传动平稳、噪声低、过载保护能力强等优点，广泛应用于各种轻工业和食品行业；而链式传动则具有承载能力大、传动效率高的特点，常用于矿山、冶金等重工业领域。减速器是由封闭在箱体内的齿轮传动或蜗杆传动组成、具有固定传动比的独立部件，为了提高电动机的效率，原动机提供的回转速度一般比工作机械所需的转速高，因此减速器常安装在机械的原动机与工作机之间，用以降低输入的转速并相应地增大输出的转矩，在机器设备中被广泛采用。减速器具有固定传动比、结构紧凑、机体封闭，并有较大刚度、传动可靠等特点。某些类型的减速器已有标准系列产品，由专业工厂成批生产，可以根据使用要求选用；在传动装置、结构尺寸、功率、传动比等有特殊要求，选择不到适当的标准减速器时，可自行设计制造。

机械类、近机械类专业的学生有必要熟悉减速器的类型、结构与设计，本实验的主要目的是了解减速器的结构、主要零件的加工工艺性，对于详细的减速器技术设计过程，将在"机械设计（基础）课程设计"这门课程中予以介绍。

6.1.1 减速器的类型

减速器按用途分为通用减速器和专用减速器两大类。依据齿轮轴线相对于机座的位置固定与否，又分为定轴传动减速器（普通减速器）和行星齿轮减速器。本实验介绍定轴传动的通用减速器，这类减速器又分为齿轮减速器、蜗杆减速器、蜗杆齿轮减速器等，每一类又有单级和多级之分。常用减速器的类型、特点及应用见表6-1。

1. 齿轮减速器

齿轮减速器传动效率高、工作可靠、寿命长、维护简便，因而应用很广泛。但受外廓尺寸及制造成本的限制，其传动比不能太大。

表 6-1 常用减速器的类型、特点及应用

类型		简图	推荐传动比	特点及应用
单级圆柱齿轮减速器			3~5	轮齿可为直齿、斜齿或人字齿，箱体通常用铸铁铸造，也可用钢板焊接而成。轴承常用滚动轴承，只有重载或特高速时才用滑动轴承
双级圆柱齿轮减速器	展开式		8~40	高速级常为斜齿，低速级可为直齿或斜齿。由于齿轮相对轴承布置不对称，要求轴的刚度较大，并使转矩输入、输出端远离齿轮，以避免因轴的弯曲变形引起载荷沿齿宽分布不均匀。结构简单，应用最广
	分流式			一般采用高速级分流。由于齿轮相对轴承布置对称，因此齿轮和轴承受力较均匀。为了使轴上总的轴向力较小，两对齿轮（斜齿轮）的螺旋线方向应相反。结构较复杂，常用于大功率、变载荷的场合
	同轴式			减速器的轴向尺寸较大，中间轴较长，刚度较差。当两个大齿轮浸油深度相近时，高速级齿轮的承载能力不能充分发挥。常用于输入和输出轴同轴线的场合
单级锥齿轮减速器			2~4	传动比不宜过大，以减小锥齿轮的尺寸，利于加工。仅用于两轴线垂直相交的传动中
锥齿轮圆柱齿轮减速器			8~15	锥齿轮应布置在高速级，以减小锥齿轮的尺寸。锥齿轮可为直齿或曲线齿。圆柱齿轮多为斜齿，使其能与锥齿轮的轴向力抵消一部分

（续）

类型	简图	推荐传动比	特点及应用
蜗杆减速器		10~80	结构紧凑，传动比大，但传动效率低，适用于中小功率、间隙工作的场合。当蜗杆圆周速度 $v \leqslant 4 \sim 5 m/s$ 时，蜗杆为下置式，润滑冷却条件较好；当 $v > 4 \sim 5 m/s$ 时，油的搅动损失较大，一般蜗杆为上置式
蜗杆齿轮减速器		60~90	传动比大，结构紧凑，但效率低

2. 蜗杆减速器

蜗杆减速器结构紧凑、传动比大、工作平稳、噪声较小，但传动效率低。这类减速器有下蜗杆式减速器、侧蜗杆式减速器、上蜗杆式减速器和双级蜗杆减速器等几种。

3. 蜗杆齿轮减速器

蜗杆齿轮减速器兼有蜗杆减速器和齿轮减速器的传动特点，通常把蜗杆传动作为高速级，因为在高速时，蜗杆传动的效率较高。

6.1.2 减速器的结构

减速器的种类繁多，但其基本结构是由箱体、轴系零件和减速器附件三部分组成。

1. 箱体

箱体是减速器中所有零件的基座，用来支承和固定轴系零件，保证传动零件的啮合精度、良好润滑及密封，其质量约占减速器总质量的50%。因此，箱体结构对减速器的工作性能、加工工艺、材料消耗、质量及成本等有很大影响，设计时必须全面考虑。

为保证传动件轴线相互位置的正确性，箱体上的轴孔必须精确加工。箱体一般还兼作润滑油的油箱，具有充分润滑和很好地密封箱内零件的作用。为保证具有足够的强度和刚度，箱体要有一定的壁厚，并在轴承座孔处设置肋板，以免引起沿齿轮齿宽上载荷分布不均。

为了便于轴系零件的安装和拆卸，箱体通常制成剖分式结构。图6-1所示为单级圆柱齿轮减速器，图6-2所示为二级圆柱齿轮减速器，图6-3所示为二级圆锥圆柱齿轮减速器。箱体均分成箱座和箱盖两部分，剖分面一般取在轴线所在的水平面内（即水平剖分），以便于加工。剖分面之间不允许用垫片或其他填料（必要时为了防止漏油，允许在安装时涂一层薄膜的水玻璃或密封胶），否则会破坏轴承和孔的配合精度。箱盖和箱座之间用螺栓连接成一整体，为了使轴承座旁的连接螺栓尽量靠近轴承座孔，并增加轴承座的刚度，应在轴承座旁制出凸台。设计螺栓孔位置时，应注意留出足够的扳手空间。箱体通常用灰铸铁（HT150或HT200等）铸成，对于受冲击载荷的重型减速器也可采用铸钢箱体。单件生产时为了简化工艺、降低成本，可采用钢板焊接箱体。

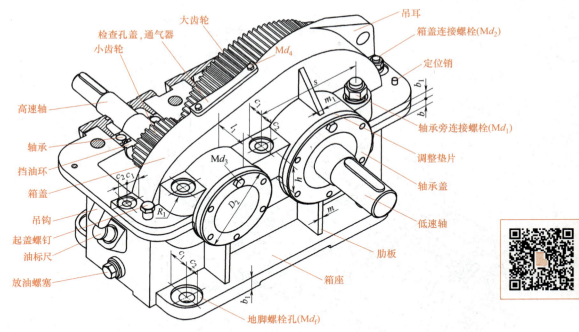

图 6-1 单级圆柱齿轮减速器

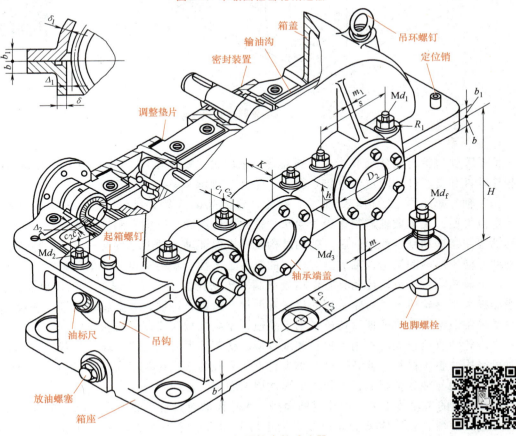

图 6-2 二级圆柱齿轮减速器

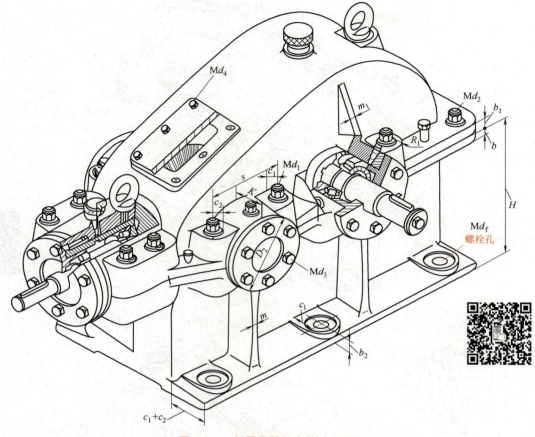

图 6-3　二级圆锥圆柱齿轮减速器

2. 轴系零件

轴系零件包括传动件（直齿轮、斜齿轮、锥齿轮、蜗杆等）、支承件（轴、轴承等）及这些传动件和支承件的固定件（键、套筒、垫片、轴承盖等）。

（1）轴　减速器中的齿轮、轴承、蜗轮、套筒等都需要安装在轴上，为使轴上零件安装、定位方便，大多数轴需制作成阶梯状。轴的设计应满足强度和刚度的要求，对于高速运转的轴要注意振动稳定性的问题。轴的结构设计应保证轴和轴上零件有确定的工作位置，轴上零件应便于装拆和调整，轴应具有良好的制造工艺性。轴的材料一般采用碳钢和合金钢。

（2）齿轮　由于齿轮传动具有传动效率高、传动比恒定、结构紧凑、工作可靠等优点，减速器都采用齿轮传动。齿轮采用的材料有锻钢，铸钢，铸铁、非金属材料等。一般用途的齿轮常采用锻钢，经热处理后切齿，用于高速、重载或精密仪器的齿轮还要进行磨齿等精加工；当齿轮的直径较大时采用铸钢；速度较低、功率不大时用铸铁；高速轻载和精度要求不高时可采用非金属材料。若高速级的小齿轮直径和轴的直径相差不大时，将小齿轮与轴制成一体。大齿轮与轴分开制造，用普通平键做周向固定。

图 6-1 中的齿轮传动采用油池浸油润滑，大轮齿的轮齿浸入油池中，靠它把润滑油带到啮合处进行润滑。多级传动的高速级齿轮也可采用带油轮、溅油环来润滑，也可把油池按高、低速级传动隔开，并按各级传动的尺寸大小分别决定相应的油面高度。

（3）轴承　绝大多数中、小型减速器都是采用滚动轴承作为支承。轴承端盖与箱体座孔外端面之间垫有调整垫片组，以调整轴承游隙，保证轴承正常工作。当滚动轴承采用油润滑时，需保证油池中的油能飞溅到箱体的内壁上，再经箱盖斜口、输油沟流入轴承。为使箱盖上的油导入油沟，应将箱盖内壁分箱面处的边缘切出边角。当滚动轴承采用脂润滑时，为防止箱体内的润滑油进入轴承和润滑脂流失，应在轴承和齿轮之间设置挡油环。为防止箱内润滑油泄漏以及外界灰尘、异物浸入箱体，轴外伸的轴承端盖孔内应装有密封元件。

（4）轴承盖　为固定轴承、调整轴承游隙并能承受轴向载荷，轴承座孔两端用轴承盖封闭。轴承盖有嵌入式和凸缘式两种。嵌入式结构紧凑，重量轻，但承受轴向力的能力差，不易调整。凸缘式端盖应用较普遍，可承受较大的轴向力，但结构尺寸较大。

3. 减速器附件

（1）定位销　在精加工轴承座孔前，在箱盖和箱座的连接凸缘上要配装定位销（见图6-4），以保证箱盖和箱座的装配精度，同时也保证了轴承座孔的精度。两定位圆锥销应设在箱体纵向两侧连接凸缘上，距离较远且不宜对称布置，以加强定位效果。定位销长度要大于连接凸缘的总厚度，定位销孔应为通孔，便于装拆。

（2）检查孔（观察孔）盖板　为检查传动零件的啮合情况，并向箱体内加注润滑油，在箱盖顶部的适当位置设置一观察孔（见图6-5），观察孔多为长方形，观察孔盖板平时用螺钉固定在箱盖上，盖板下垫有纸质密封垫片，以防漏油。

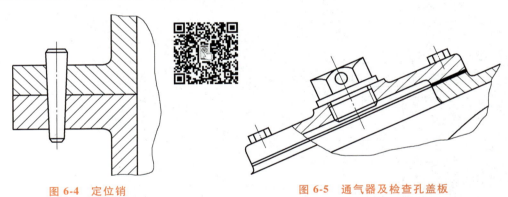

图6-4　定位销　　　　　　　　图6-5　通气器及检查孔盖板

（3）通气器　通气器（见图6-5）用来沟通箱体内、外的气流，使箱体内的气压不会因减速器运转时的油温升高而增大，从而也提高了箱体分箱面、轴伸出端缝隙处的密封性能。通气器多装在箱盖顶部或观察孔盖上，以便箱内的膨胀气体自由逸出。

（4）油标　为了检查箱体内的油面高度，及时补充润滑油，应在油箱便于观察和油面稳定的部位装设油标。油标的形式有油标尺（见图6-6）、管状油标、圆形油标等，常用的是带有螺纹的油标尺。油标尺的安装位置不能太低，以防油从该处溢出。油标座孔的倾斜位置要保证油标尺便于插入和取出。油标尺构造简单，通过油标尺上的两条刻线来检查油面的合适位置。如果油标尺上的油印高于上线，表明油面高于规定位置；若油印低于下线，表明油量太少，需

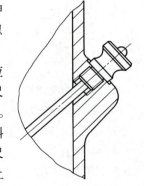

图6-6　油标尺

要补充油。

（5）放油螺塞 减速器工作一段时间后，其内部的润滑油需要进行更换。为使减速箱中的污油和清洗剂能顺利排放，放油孔应开在油池的最低处，油池底面有一定斜度，放油孔座应设有凸台，放油螺塞和箱体接合面之间应加防漏垫圈。图 6-7 所示为放油螺塞及其安装位置。

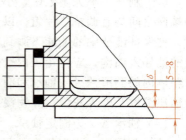

图 6-7 放油螺塞及其安装位置

（6）起盖螺钉 装配减速器时，常常在箱盖和箱座的接合面处涂上水玻璃或密封胶，以增强密封效果，但却给开启箱盖带来困难。为此，在箱盖的连接凸缘上开设螺纹孔，并拧入起盖螺钉（见图 6-8），螺钉的螺纹段高出凸缘厚度。开启箱盖时，拧动起盖螺钉，迫使箱盖与箱座分离。

（7）起吊装置 为了便于减速器的搬运，需在箱体上设置起吊装置。如图 6-9 所示，一般在箱盖上铸有吊耳，设在箱盖两侧的对称面上，用于起吊箱盖；箱座上铸有吊钩，用于吊运整台减速器，在箱座两端的凸缘下面铸出。但对于重量不大的中、小型减速器，也允许用箱盖上的吊耳、吊环等来起吊整台减速器。

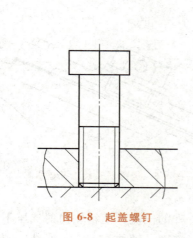

图 6-8 起盖螺钉

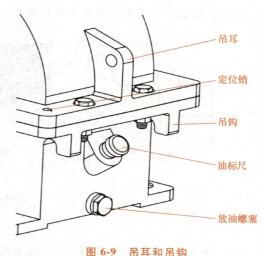

图 6-9 吊耳和吊钩

6.2 预习作业

1）齿轮减速器的箱体为什么沿轴线平面做成剖分式结构？

2）起盖螺钉的作用是什么？与普通螺钉结构有什么不同？

3）箱体上的螺栓连接处均做成凸台或沉孔，为什么？

4）如果在箱盖、箱座上不设置定位销会产生什么样的严重后果？为什么？

5）铸造成型的箱体最小壁厚是多少？如何减轻其重量及表面加工面积？

6）减速器箱体上有哪些附件？它们的安装位置有何要求？

6.3　实验目的

1. 深入理解带式输送机的工作原理

通过实际操作和观察带式输送机的运行，让学生清晰地掌握带式输送机的基本结构组成，包括输送带、滚筒、驱动装置等部件的功能以及它们之间的相互协作关系，从而深入理解其物料输送的工作原理。

2. 熟悉减速器的结构与工作原理

通过对减速器的拆解、组装和运行观察，深入了解减速器的内部结构，包括齿轮、轴、轴承、箱体等部件的构造和相互连接方式，明确其通过齿轮传动实现减速和增扭的工作原理，具体如下。

1）熟悉减速器的基本结构，了解常用减速器的用途及特点。

2）了解减速器各组成零件的结构及功用，并分析其结构工艺性。

3）了解减速器中各零件的定位方式、装配顺序及拆卸的方法和步骤。

4）了解轴承及其间隙的调整方法、密封装置等。

5）学习减速器的主要参数测定方法。

6）观察齿轮、轴承的润滑方式。

7）熟悉减速器附件及其结构、功能和安装位置。

3. 培养创新与优化能力

基于实验结果，鼓励对减速器的结构、材料、传动方式等方面进行创新和优化。探索提高减速器传动效率、降低噪声和振动、延长使用寿命的新方法和新技术，培养学生的创新思维和工程实践能力。

6.4　实验设备及工具

6.4.1　JSQ-ZK 输送机传动及减速器拆装综合设计实验台

图 6-10 所示为 JSQ-ZK 输送机传动及减速器拆装综合设计实验台结构示意图，主要由以下几部分组成。

1. 测量部分（1.0）

减速器输出轴通过铝合金梅花联轴器与动态转矩测量仪的输入轴连接，由动态转矩测量仪读出实时转矩、功率和转速等参数。

动态转矩测量仪采用 DYN-2000 动态转矩传感器，其最小可检测转矩低至 0.00001N·m，自带转矩转速功率显示屏（转矩范围：$0\sim2000$N·m，转速范围：$1\sim1000$r/min，精度：$\pm0.3\%$）及实时转速检测显示系统（分辨率：$1\sim3600$CPR，最大转速：6000 RPM，最大响应频率：100kHz）。

（1）安装方式　动态转矩测量仪采用联轴器与旋转件连接，图 6-11 所示为其安装示例。

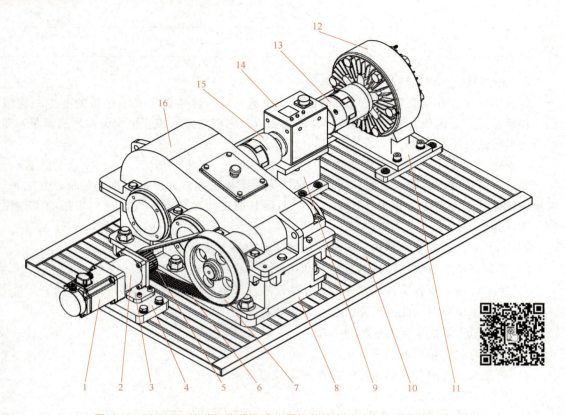

图 6-10 JSQ-ZK 输送机传动及减速器拆装综合设计实验台结构示意图

1—伺服电机 2—行星减速器 3—电机座 4—调整支座 5—小带轮 6—带 7—大带轮 8—减速器垫板

9—动转大支座 10—实验平台 11—制动器支座 12—磁粉制动器 13—梅花联轴器 A

14—动态扭矩测量仪 15—梅花联轴器 B 16—减速器

图 6-11 动态转矩测量仪安装示例

（2）数据采集及使用

1）第一种方式是直接从测试仪上的显示屏读取，图 6-12 所示为动态转矩测量仪设置及显示界面。

2）第二种方式是通过自带软件采集、整理数据。进入工控机系统界面，双击打开"系统测试"图表，进入测试系统。图 6-13 所示为测试系统设置界面，图 6-14 所示为测试系统测量界面。

主显示画面示意图　　　　　　　　　参数修改界面示意图

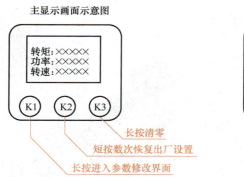

图 6-12　动态转矩测量仪设置及显示界面

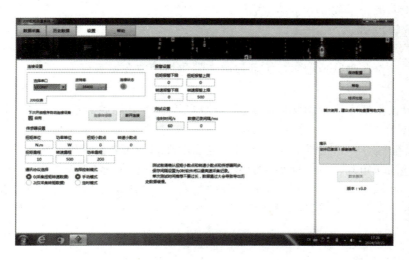

图 6-13　测试系统设置界面

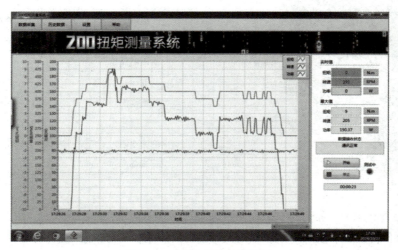

图 6-14　测试系统测量界面

2. 驱动部分（2.0）

驱动部分主要由伺服电机、行星减速器组成，通过电机座和调整支座安装在实验平台上。功率为400W，能够为设备提供较为适中的动力输出，适用于多种中小型自动化设备。

伺服电机采用 60ST-M01330LBX 交流伺服电机（见图 6-15），其转速可达 3000r/min，额定转矩为 1.27N·m，可在稳定运行时提供相应的转矩来驱动负载，编码器采用 17 位绝对值编码器，能精确地反馈电机的位置和速度信息，确保电机的高精度运行。

图 6-15　伺服电机及驱动器

3. 第一级传动部分（3.0）

第一级传动由小带轮、带和大带轮组成，另外可根据需要换成链传动。

4. 第二级传动部分（4.0）

第二级传动由各种减速器组成，通过减速器垫板固定在实验台上。

5. 负载部分（5.0）

负载部分由 FZJ25 磁粉制动器和 LYD-Ⅲ 数显手动张力控制器组成，通过制动器支座安装在实验平台上。

FZJ25 磁粉制动器（见图 6-16）是根据电磁原理和利用磁粉来传递转矩的，它具有激磁电流和所传递的转矩基本成线性关系的特性，在同滑差无关的情况下能够传递一定的转矩，响应速度快、结构简单，是一种多用途、性能优越的自动控制元件。它广泛应用于各种机械中不同目的的制动、加载以及卷绕系统中放卷张力控制等。FZJ25 磁粉制动器的主要技术参数见表 6-2。

图 6-16　FZJ25 磁粉制动器

表 6-2　FZJ25 磁粉制动器的主要技术参数

项目	参数
额定转矩	25N·m
励磁电流	0~1A
电压	24V
转速范围	15~1400r/min
工作温度范围	-20~80℃
绝缘电阻	≥5000MΩ/100V DC
质量	4.5kg

6. 工控机及配套软件部分（6.0）

将实验台各传感器数据实时采集和分析处理，并能在工控机上显示动态曲线和各参数实时数据，方便观察分析实验过程及特征，同时用户可通过交互按钮，设置各项参数，手动、自动采集关键点数据，并自动保存在内部数据列表内，可随时查看历史数据列表。

6.4.2 几种常用减速器

1）一级圆柱齿轮减速器如图 6-17 所示。

2）二级展开式圆柱齿轮减速器如图 6-18 所示。

图 6-17　一级圆柱齿轮减速器

图 6-18　二级展开式圆柱齿轮减速器

3）二级圆锥圆柱齿轮减速器如图 6-19 所示。

4）蜗轮蜗杆减速器如图 6-20 所示。

图 6-19　二级圆锥圆柱齿轮减速器

图 6-20　蜗轮蜗杆减速器

6.4.3 实验工具

1）拆装工具：活扳手、套筒扳手、锤子、螺丝刀等。

2）测量工具：内外卡钳、游标卡尺、钢直尺等。

3）学生自备铅笔、橡皮、三角板、草稿纸等。

🔧 6.5 实验内容及步骤

1. 掌握带式输送机的工作原理

通过实际操作和观察带式输送机的运行，掌握带式输送机的基本结构组成及其物料输送的工作原理，包括输送带、滚筒、驱动装置等部件的功能以及它们之间的相互协作关系。

2. 观察、熟悉减速器的外部结构

1）了解减速器的名称、类型、代号、使用场合、总减速比。

2）了解减速器的结构形式（单级、双级或三级；展开式、分流式或同轴式；卧式或立式；圆柱齿轮、锥齿轮或蜗杆减速器）。

3）了解箱体上附件的结构形式、布置及其功用，注意观察下列各附件：观察孔、观察孔盖板、通气器、吊耳、吊钩、油标尺、放油螺塞、定位销、起盖螺钉等。

4）观察螺栓凸台的位置（并注意扳手空间是否合理）、轴承座加强筋的位置及结构、减速器箱体的铸造工艺特点以及加工方法等。

3. 打开观察孔盖，转动高速轴，观察齿轮的啮合情况

用手来回转动减速器的输入、输出轴，体会轴向窜动，用手感受齿轮啮合的侧隙。

4. 按下列次序打开减速器，取下的零件按次序放好，便于装配、避免丢失

1）观察定位销所在的位置，取出定位销。

2）拧下轴承端盖螺钉，取下端盖及调整垫片。卸下箱盖与箱座的连接螺栓。

3）用起盖螺钉将箱盖与箱体分离。利用起吊装置取下箱盖，并翻转180°一旁放置平稳，以免损坏接合面。

5. 观察箱体内轴及轴系零件的结构情况，画出传动示意图

1）所用轴承类型（记录轴承型号），轴和轴承的布置情况。

2）轴和轴承的轴向固定方式，轴向游隙的调整方法。

3）齿轮（或圆锥齿轮或蜗轮）和轴承的润滑方式，在箱体的剖分面上是否有输油沟或回油沟。

4）外伸部位的密封方式（外密封），轴承内端面处的密封方式（内密封）。

思考如下问题：箱盖与箱座接触面上为什么没有密封垫片？是如何解决密封问题的？若箱盖、箱座的分箱面上有输油沟，则箱盖应采取怎样的相应结构才能使飞溅到箱体内壁上的油流入箱座上的输油沟中？输油沟有几种加工方法？加工方法不同时，油沟的形状有何异同？为了使润滑油经输油沟后进入轴承，轴承盖的结构应如何设计？轴承在轴承座上的安放位置离箱体内壁有多大距离，当采用不同的润滑方式时距离应如何确定？在何种条件下滚动轴承的内侧要用挡油环或封油环？其作用原理、构造和安装位置如何？观察箱内零件间有无干涉现象，并观察结构中是如何防止和调整零件间相互干涉的？

6. 装拆轴上零件，并按取下零件的顺序依次放好

1）详细观察齿轮、轴承、挡油环等零件的结构，分析轴上零件的轴向、周向定位方法。

2）了解轴的结构，注意下列轴的各结构要素的形式及功用：轴头、轴颈、轴身、轴肩、轴肩圆角、轴环、倒角、键槽、螺纹、退刀槽、砂轮越程槽、配合面、非配合面等。

3）测量阶梯轴的各段直径和长度。

4）绘出一根轴及轴上零件的结构草图（要求：大致符合比例、包含尺寸）。

思考如下问题：各级传动轴为什么要设计成阶梯轴，不设计成光轴？设计阶梯轴时应考虑什么问题？观察轴上大、小齿轮结构，了解在大齿轮上为什么要设计工艺孔？其目的是什么？采用直齿圆柱齿轮或斜齿圆柱齿轮传动，各有什么特点？其轴承在选择时应考虑什么问题？观察输入轴、输出轴的伸出端与端盖采用什么形式的密封结构？

7. 利用钢直尺、游标卡尺等简单工具，测量箱体及主要零部件的相关参数与尺寸

将下列测量结果记录在实验报告相应的表格中。

1) 测出各齿轮的齿数，求出各级分传动比及总传动比。

2) 测出中心距，并根据公式计算出齿轮的模数，以及斜齿轮螺旋角的大小。

3) 测量各齿轮的齿宽，算出齿宽系数。观察并考虑大、小齿轮的齿宽是否应完全相等。

4) 齿轮与箱壁间的距离。

5) 测量各螺栓、螺钉直径，根据实验报告的要求测量其他相关尺寸。

8. 按先内后外的顺序将减速器装配好

1) 将轴上零件依次装配好并放入箱座中。

2) 装上轴承端盖并将螺钉拧入箱座（注意不要拧紧）。

3) 装好箱盖（先旋回起盖螺钉再合箱），打入定位销。

4) 旋入箱盖上的轴承端盖螺钉（也不要拧紧）。

5) 装入箱盖与箱座连接螺栓并拧紧，拧紧轴承端盖螺钉。

6) 装好放油螺塞、观察孔盖等附件。

7) 用手转动输入轴，检查减速器转动是否灵活，若有故障应给予排除。

9. 实验设备的清理

整理工具，经指导老师检查后，才能离开实验室。

6.6　注意事项及常见问题

1. 注意事项

1) 切勿盲目拆装，拆卸前要仔细观察零部件的结构及位置，考虑好合理的拆装顺序，拆下的零部件要妥善放置，以免丢失。

2) 拆装过程中要互相配合与关照，做到轻拿轻放零件，以防砸伤手脚。

3) 注意保护拆开的箱盖、箱座的接合面，防止碰坏或擦伤。

4) 可拆可不拆的零件尽量不拆卸。

2. 常见问题

1) 在拆卸过程中，学生常用锤子或其他工具直接砸击难拆卸的零件，易造成零件变形、损坏，此时应小心仔细拆卸。

2) 在减速器箱体尺寸测量过程中，因分辨不清箱体上某些部位的名称术语，导致测量结果错误。

6.7　工程实践

减速器是在原动机和工作机或执行机构之间起降低转速、传递动力、增大转矩的一种独立的传动装置，在现代机械中应用极为广泛。减速器主要由传动零件、轴、轴承、箱体、附件等组成，按用途可分为通用减速器和专用减速器两大类。选用减速器时应根据工作机的选用条件、技术参数、动力机的性能、经济性等因素，比较不同类型、品种减速器的外廓尺寸、传动效率、承载能力、质量、价格等，选择出最适合的减速器。

6.7.1　冲压式蜂窝煤成型机用减速器

冲压式蜂窝煤成型机是生产蜂窝煤的主要设备（见图 6-21a），这种设备由于具有结构合理、质量可靠、成型性能好、经久耐用和维修方便等优点而被广泛使用。目前国内生产的蜂窝煤成型机结构基本一致，原理基本相同。

图 6-21b 所示为冲压式蜂窝煤成型机原理示意图，其功能是将煤粉加入转盘的模桶内，经冲头冲压成蜂窝煤。为了实现蜂窝煤冲压成型，冲压式蜂窝煤必须完成的动作包括：①加料，可利用煤粉的重力打开料斗自动加料；②冲压成型，冲头上下往复运动，在冲头行程的二分之一进行冲压成型；③脱模，卸料盘上下往复移动，将已冲压成型的煤饼压下去而脱离模筒，一般可以将它与冲头固结在上下往复移动的滑梁上；④扫屑，在冲头、卸料盘向上移动过程中用扫屑刷将煤粉扫除；⑤工作盘间歇运动，以完成冲压、脱模和加料三个工位的转换；⑥输送，将成型的煤饼脱模后落在输送带上送出成品，以便装箱待用。

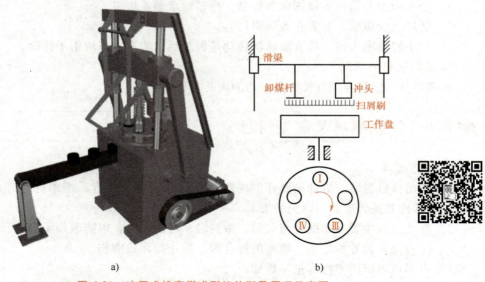

a)　　　　　　　　　　b)

图 6-21　冲压式蜂窝煤成型机外形及原理示意图

a) 外形图　b) 原理示意图

（1）冲压式蜂窝煤成型机的工作原理　滑梁做往复直线运动，带动冲头和卸煤杆完成压实成型和蜂窝煤脱模动作。工作盘上有多个模孔，Ⅰ为上料工位，Ⅲ为冲压工位，Ⅳ为卸料工位，工作盘间歇转动，以完成上料、冲压、脱模的转换。扫屑刷在冲头和卸煤杆退出工作盘后，在冲头和卸煤杆下扫过，以清除其上面的积屑；此外，还有型煤运出的输送带部分。

（2）冲压式蜂窝煤成型机的传动系统　其常用的传动系统有齿轮传动、行星齿轮传动、蜗杆传动、带传动、链轮传动等。根据设备的整体布置和各类减速装置的传动特点，一般选用二级减速：第一级采用皮带减速，带传动为柔性传动，具有过载保护、噪声低且适用于中心距较大的场合；第二级采用减速器齿轮减速，因斜齿轮较直齿轮具有传动平稳、承载能力高等优点，故在冲压式蜂窝煤成型机的减速器中大多采用斜齿轮传动。

6.7.2　带式输送机用减速器

输送机械是一种连续、匀速、平稳的运输物料机器设备，常见的主要有带式输送机、螺旋输送机和气垫输送机等。带式输送机是输送物料的主要设备之一，具有结构简单、工作平稳及适应性强等特点。带式输送机主要分为机械结构和电气控制两个部分。机械结构一般由五大部分组成，主要包括机头、机身、机尾、输送带和各种附属装置。机头主要由电动机、驱动滚筒、变频器、传动装置等组成；机身由机架和托辊构成；机尾包含拉紧装置、制动装置以及改向滚筒。电气控制主要包括 PLC 控制柜、跑偏开关以及各种传感器。图 6-22 所示为常见带式输送机的外形图。

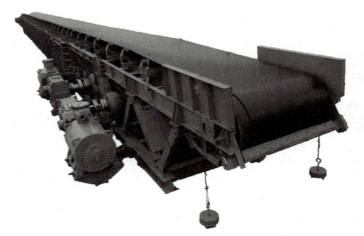

图 6-22　常见带式输送机的外形图

输送机滚筒按功能可划分为驱动滚筒与改向滚筒两种，这两种滚筒的调整对于输送带跑偏的调整具有重要影响。其中驱动滚筒是用于传递动力的主要构件，而改向滚筒的作用是改变输送带的运行方向或增加输送带与驱动滚筒间的围包角。输送带是带式输送机承载和输送物料的主要部件，不仅需要足够强度，还需有一定的承载能力。托辊作为带式输送机中数量最多的部件，主要用来支承输送带和物料的重量。托辊的选型和安装间距对于输送机的稳定运行至关重要，进料口多采用缓冲托辊，以降低物料对输送带的压力，延长输送带的使用寿命，其他地方一般采用槽形托辊，有时为了抑制输送带跑偏还会采用调心托辊。输送机的正常运行离不开机尾的拉紧装置，拉紧装置主要用于保证输送带具有足够的拉力以保持物料的稳定运行。常见的拉紧装置有三种：螺旋式、垂直重锤式和张紧绞车式。

带式输送机的工作原理：在上、下托辊支承和牵引的作用下，输送带绕过头、尾两个滚筒形成闭合回路，通过拉紧装置将其拉紧，在电机的驱动下依靠输送带与驱动滚筒间的摩擦力实现输送带的连续运转，从而使物料稳定运输到目的地。带式输送机的电机一般选用国家标准规定的异步电动机，其转速较快，大部分场合下均需使用减速器对电机进行降速；减速器的选型涉及减速比、输入/输出功率、转矩等多方面的因素，具体设计选型方案可参考相关书籍资料。

带式输送机的安全运行对于物料的高效运输至关重要。目前输送机普遍停留在自动化阶段，主要运用多传感器融合技术和设置部件正常运行的参数范围对输送机健康状态进行监测。由于在实际工况中，输送机故障成因复杂，有时并不是单一原因造成，会出现故障漏报、误报的现象；并且当故障出现时，大多都是停机进行人工检修，极大地降低了运输效率，增加了企业成本。加上实际运输过程中物料分布不均匀，若始终以恒定速度运行，在出现轻载或空载时，容易造成能源浪费现象。基于以上问题，目前对带式输送机的智能化研究越来越广泛。

第7章

机构运动创新设计实验

7.1 概述

机构运动方案创新设计是一个具有创新性的活动过程，旨在帮助学生树立工程设计观念，激发其创新精神，培养学生的主动学习能力、独立工作能力、动手能力和创造能力。该实验是基于杆组的叠加原理而设计的，可将设计者构思创意的机构运动方案在机构运动方案拼接实验台上组成实物模型，能够使设计者直观地观察其运动是否符合设计要求，并在此基础上调整改进，最终确定设计方案。机构运动方案拼接实验台主要应用于机构组成原理的拼接设计实验、课程设计和毕业设计中机构运动方案的设计实验、课外科技活动（如大学生机电产品创新设计竞赛、大学生机器人大赛）中的机构运动方案创新设计。

一个好的机构运动方案能否实现，机构设计是关键。机构设计中最富有创造性、最关键的环节，是机构形式的设计。常用机构形式的设计方法有两大类，即机构的选型和机构的构型。

1. 实验原理

任何机构都是由若干个基本杆组依次连接到原动件和机架上而构成的。机构具有确定运动的条件是其原动件数等于机构的自由度数。因此，机构可以拆分成机架、原动件和自由度为零的构件组。而自由度为零的构件组还可以拆分成更简单的自由度为零的构件组，将最后不能再拆的最简单的自由度为零的构件组称为组成机构的基本杆组，简称杆组。

由杆组定义知，组成平面机构的基本杆组应满足条件：

$$F = 3n - 2P_{\mathrm{L}} - P_{\mathrm{H}} = 0$$

式中，n 是杆组中的构件数；P_{L} 是杆组中的低副数；P_{H} 是杆组中的高副数。由于构件数和运动副数均应为整数，故当 n、P_{L}、P_{H} 取不同值时，可得各类基本杆组。

（1）高副杆组　若 $n = P_{\mathrm{L}} = P_{\mathrm{H}} = 1$，即可获得单构件高副杆组，常见形式如图7-1所示。

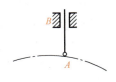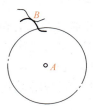

图7-1　单构件高副杆组

（2）低副杆组　若 $P_H=0$，杆组中的运动副均为低副，称为低副杆组，即

$$F=3n-2P_L=0$$

满足上式的构件数和运动副数的组合为：$n=2$，4，6，…，$P_L=3$，6，…。

其中最简单的组合为 $n=2$，$P_L=3$，称为Ⅱ级杆组。Ⅱ级杆组是应用最多的基本杆组，由于杆组中转动副和移动副的配置不同，Ⅱ级杆组共有五种形式（见图7-2）。

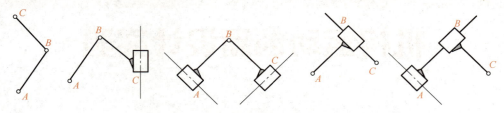

图 7-2　平面低副Ⅱ级杆组

$n=4$，$P_L=6$ 的杆组称为Ⅲ级杆组，其形式较多，图7-3所示为几种常见的Ⅲ级杆组。

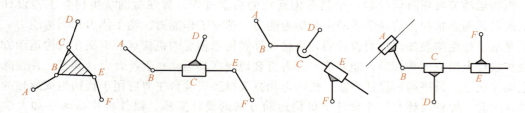

图 7-3　平面低副Ⅲ级杆组

根据上述分析可知：任何平面机构均可以用零自由度的杆组依次连接到原动件和机架上去的方法来组成。因此，机构拼接创新设计实验正是基于上述平面机构的组成原理而设计的。

2. 机构形式设计的原则

（1）机构形式应尽可能简单

1）机构运动链尽量简短。完成同样的运动，应优先选用构件数和运动副数最少的机构，这样可以简化机器的构造，从而减轻质量、降低成本。

2）适当选择运动副。一般情况下，应先考虑低副机构，而且尽量少采用移动副，因为移动副在制造中不易保证高精度，在运动中易出现自锁。在执行机构的运动规律要求复杂、采用连杆机构很难完成精确设计时，应考虑采用高副机构，如凸轮机构或连杆-凸轮机构。

3）适当选择原动机。执行机构的形式与原动机的形式密切相关，如在只要求执行构件实现简单的工作位置变换的机构中，采用气压或液压缸作为原动机比较方便，它同采用电动机驱动相比，可省去一些减速传动机构和运动变换机构，从而可缩短运动链。此外，改变原动机的传输方式，也可能使结构简化。

4）选用广义机构。不要仅局限于刚性机构，还可选用柔性机构，甚至利用光、电、磁、摩擦、重力、惯性等原理工作的广义机构。选用广义机构在许多场合可使机构更加简单、实用。

（2）尽量缩小机构尺寸　如周转轮系减速器的尺寸和质量比普通定轴轮系减速器要小得

多。在连杆机构和齿轮机构中，也可利用齿轮传动时节圆做纯滚动的原理或利用杠杆放大或缩小的原理等来缩小机构尺寸。圆柱凸轮机构尺寸比较紧凑，尤其是在从动件行程较大的情况下。盘状凸轮机构的尺寸也可借助杠杆原理相应缩小。

（3）应使机构具有较好的动力学特性

1）采用传动角较大的机构，以提高机器的传力效率，减少功耗。尤其对于传力大的机构，这一点更为重要。如在可获得执行构件为往复摆动的连杆机构中，摆动导杆机构最为理想，其压力角始终为零。为减小运动副摩擦，防止机构出现自锁现象，则应尽可能采用全由转动副组成的连杆机构。

2）采用增力机构，对于执行机构行程不大，而短时克服工作阻力很大的机构（如冲压机械中的主机构），应采用"增力"的方法，即采用瞬时有较大机械增益的机构。

3）采用对称布置的机构。对于高速运转的机构中做往复运动和平面一般运动的构件，以及惯性力和惯性力矩较大的偏心回转构件，在选择时应尽可能考虑机构的对称性，以减小运转过程中的动载荷和振动。

3. 机构的选型

利用发散思维的方法，将前人创造发明出的各种机构按照运动特性或实现的功能进行分类，然后根据原理方案确定的执行机构所需要的运动特性或实现的功能进行搜索、选择、比较和评价，选出合适的机构形式。表 7-1 给出了当机构的原动件为转动时，各种执行构件的运动形式、机构类型及应用举例，表 7-2 给出了机构方案评价指标，供机构选型时参考。

表 7-1　执行构件的运动形式、机构类型及应用举例

执行构件的运动形式	机构类型	应用举例
匀速转动	平行四边形机构	机动车轮联动机构、联轴器
	双转块机构	联轴器
	齿轮机构	减速、增速、变速装置
	摆线针轮机构	减速、增速、变速装置
	谐波传动机构	减速装置
	周转轮系	减速、增速、运动合成和分解装置
	挠性件传动机构	远距离传动、无级变速装置
	摩擦轮机构	无级变速装置
非匀速转动	双曲柄机构	惯性振动器
	转动导杆机构	刨床
	块曲柄机构	发动机
	非圆齿轮机构	起落架、变速器、差速器
	挠性件传动机构	纺织、印刷、医疗机械等
往复移动	曲柄摇杆机构	锻压机
	移动导杆机构	缝纫机挑针机构
	齿轮齿条机构	机械加工与机床设备、汽车转向器
	移动凸轮机构	配气机构
	楔块机构	压力机、夹紧装置

（续）

执行构件的运动形式	机构类型	应用举例
往复移动	螺旋机构	千斤顶、车床传动机构
	挠性件传动机构	远距离传动装置
	气/液动机构	升降机
往复摆动	曲柄摇杆机构	破碎机
	滑块摇杆机构	车门启闭机构
	摆动导杆架构	刨床
	曲柄摇块机构	装卸机构
	摆动凸轮机构	自动化分拣、升降机角度调节
	齿条齿轮机构	汽车悬架、机床分度与定位机构
	挠性件传动机构	轻工机械、家用电器与农林机械
	气/液动机构	挖掘机液压系统、升降平台
间歇运动	棘轮机构	机床进给、转位、分度等机构
	槽轮机构	转位装置、电影放映机
	凸轮机构	分度装置、移动工作台
	不完全齿轮机构	间歇回转、移动工作台
特定运动轨迹	铰链四杆机构	鹤式起重机、搅拌机构
	行星轮系	研磨机构、搅拌机构

表 7-2　机构方案评价指标

评价指标	运动性能 A	工作性能 B	动力性能 C	经济性 D	结构紧凑 E
具体项目	运动规律、运动轨迹、运动速度、运动精度	效率高低、使用范围	承载能力、传力特性、振动、噪声	加工难易度、维护方便性、能耗大小	尺寸、重量、结构复杂性

4. 机构的构型

当应用选型的方法初选出的机构形式不能完全实现预期的要求，或虽能实现功能要求但存在着机构复杂、运动精度不够或动力性能欠佳等缺点时，可采用创新构型的方法，重新构建机构的形式。机构创新构型的基本思路是以通过选型初步确定的机构方案为雏形，通过组合、变异、再生等方法进行突破，获得新的机构。

（1）利用组合原理构型　将两种以上的基本机构进行组合，充分利用各自的良好性能，改善其不良特性，创造出能够满足原理方案要求的、具有良好运动和动力特性的新型机构。例如：齿轮-连杆机构能实现间歇传送运动和大摆角、大行程的往复运动，同时能较精确地实现给定的运动轨迹；凸轮-连杆机构更能精确地实现给定的复杂轨迹，凸轮机构虽也可实现任意的给定运动规律的往复运动，但在从动件做往复摆动时，受压力角的限制，其摆角不能太大，将简单的连杆机构与凸轮机构组合起来，可以克服上述缺点，达到很好的效果；齿轮-凸轮机构常以自由度为 2 的差动轮系为基础机构，并用凸轮机构为附加机构，主要用于实现给定运动规律的变速回转运动、实现给定运动轨迹等。

（2）利用机构变异构型

1）机构倒置。将机构的运动构件与机架转换。

2）机构的扩展。以原有机构作为基础，增加新的构件，构成新的机构。机构扩展后，原有各构件间的相对运动关系不变，但所构成的新机构的某些性能与原机构有很大差别。

3）机构局部结构改变。如将导杆机构的导杆槽中心线由直线变为曲线，或机构的原动件被另一自由度为 1 的机构或构件组合所置换，即可得到运动停歇的特性。

4）运动副的变异。采用高副低代法。

7.2　预习作业

1）何谓杆组？何谓Ⅱ级杆组？画图表示Ⅱ级杆组所有的类型。

2）何谓Ⅲ级杆组？画图表示Ⅲ级杆组的 1~2 种形式。

3）连杆机构的特点是什么？凸轮机构的特点是什么？

4）进行机构结构分析时，按什么步骤和原则来拆分杆组？

5）在实际设计中，公差配合的意义是什么？

6）机构原理功能是通过什么实现的？机构简图与实际机构的区别是什么？

7.3　实验目的

（1）深化对机构运动学与动力学知识的理解

1）理论联系实际。学生通过设计和搭建具体机构，将课堂上学到的机构运动学（如构件的运动分析、速度与加速度计算）和动力学（如力的分析、惯性力计算）理论知识，应用到实际的机构模型中。例如，在设计一个曲柄摇杆机构时，学生需要根据给定的运动要求，计算曲柄、连杆和摇杆的长度，确定各构件的运动参数，从而深入理解机构运动传递和运动特性的原理。

2）强化概念认知。实验中对各种机构的实际操作，有助于学生强化对机构组成要素（如构件、运动副）、运动特性（如急回特性、死点位置）等基本概念的认知。例如，学生在观察牛头刨床机构的运动过程中，能更直观地理解急回特性在提高工作效率方面的作用，以及死点位置对机构运动的影响。

（2）培养机构创新设计能力

1）激发创新思维。实验鼓励学生突破传统机构的束缚，尝试新的机构组合和运动方式。例如，要求学生设计一个能实现特定复杂运动轨迹的机构，学生可能会结合凸轮机构、连杆机构等多种基本机构，创造出独特的机构方案。

2）掌握设计方法。学生学习并掌握机构创新设计的一般方法和流程。例如，在设计一个用于自动分拣物料的机构时，学生要考虑物料的特性、分拣的速度和精度要求等因素，提出多个机构设计方案，再通过对比分析选择最合适的方案进行详细设计。

（3）提升动手实践与工程应用能力

1）动手实践能力的培养。学生亲自动手装配机构模型。例如，学生在制作一个齿轮传动机构模型时，需要学会如何加工齿轮、安装轴和轴承，以及调整齿轮的啮合间隙。

2）工程应用能力的培养。实验以实际工程问题为背景，使学生了解机构在实际工程中的应用。

（4）培养团队协作与沟通能力

（5）培养科学研究与问题解决能力

1）实验过程中，学生按照科学研究的方法进行探索。从提出问题开始，进行文献调研、方案设计、实验验证、数据分析和结果讨论。

2）在机构设计、制作和调试过程中，学生会遇到各种问题，如机构运动不顺畅、无法达到预期的运动精度等。学生需要运用所学知识，分析问题产生的原因，提出解决方案并进行验证。例如，如果机构运动时出现卡顿现象，学生需要检查零件加工精度、装配间隙、运动副的润滑情况等，找出问题所在并加以解决，从而提高问题解决能力。

7.4　实验要求

1）认真预习《CQJP-D 型机构运动创新设计方案实验台使用说明书》，掌握实验原理，了解机构创新模型和各构件的搭接方法。

2）熟悉给定的设计题目及机构系统运动方案，或者设计其他方案（亦可自己选择设计题目，初步拟订机构系统运动方案）。

3）实验中注意各个组员之间的分工合作，不可完全由一人完成，每一个组员都要积极投入到讨论和实验当中来，这样才能真正得到提高。

4）不再使用的工具和零件要及时放回原处，不可随意堆放，以免造成分拣困难甚至丢失。

5）实验完毕，经过指导教师检查并拍照后，自行拆除搭接机构，同时将所有零件物归原处。

7.5　实验设备及工具

1）创新组合模型一套，包括组成机构的各种运动副、构件、动力源、实验工具等。实验设备为 CQJP-D 型机构运动创新设计方案实验台（见图 7-4）及其零件存放柜（见

图 7-4　CQJP-D 型机构运动创新设计方案实验台

图7-5），组成实验台的主要零部件以及详细规格见表7-3。

2）组装、拆卸工具：一字起子、十字起子、固定扳手、内六角扳手、钢直尺、卷尺。

3）交流调速电动机、直流电动机等动力控制元件。

4）自备三角板、铅笔、量角器、游标卡尺、草稿纸等。

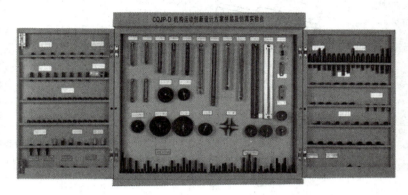

图7-5 CQJP-D 型机构运动创新设计方案实验台零件存放柜

表7-3 CQJP-D 型机构运动创新设计方案实验台零件存放柜清单

序号	名称	示意图	规格	数量	使用说明钢印号尾数对应于使用层面数
1	凸轮、高副锁紧弹簧		基圆半径 18mm 行程 30mm	各4	凸轮推/回程均为正弦加速度运动规律
2	齿轮		$m=2\text{mm}$，$\alpha=20°$ 的标准直齿轮 $z=34$ $z=42$	各4	2-1 2-2
3	齿条		$m=2\text{mm}$，$\alpha=20°$ 的标准直齿条	4	3
4	槽轮拨盘			1	4
5	槽轮		四槽	1	4
6	主动轴		$L=5\text{mm}$ $L=20\text{mm}$ $L=35\text{mm}$ $L=50\text{mm}$ $L=65\text{mm}$	4 4 4 4 2	6-1 6-2 6-3 6-4 6-5

（续）

序号	名称	示意图	规格	数量	使用说明钢印号尾数对应于使用层面数
7	转动副轴（或滑块）-3		$L=5mm$ $L=15mm$ $L=30mm$	6 4 3	7-1 7-2 7-3
8	从动轴		$L=5mm$ $L=20mm$ $L=35mm$ $L=50mm$ $L=65mm$	16 12 12 10 8	6-1 6-2 6-3 6-4 6-5
9	主动滑块插件		$L=40mm$ $L=50mm$	1 1	与主动滑块座固连,可组成做直线运动的主动滑块 7-1 7-2
10	主动滑块座、光槽片			各1	光槽片用 M3 的螺钉与主动滑块座固连;主动滑块座与直线电机齿条固连 10
11	连杆（或滑块导向杆）		$L=50mm$ $L=100mm$ $L=150mm$ $L=200mm$ $L=250mm$ $L=300mm$ $L=350mm$	8 8 8 8 8 8 8	11-1 11-2 11-3 11-4 11-5 11-6 11-7
12	压紧连杆用特制垫片		$\Phi 6.5$	16	将连杆固定在主动轴或固定轴上时使用 12
13	转动副轴（或滑块）-2		$L=5mm$ $L=20mm$	各8	与20号件配用,可与连杆在固定位置形成转动副 13-1 13-2
14	转动副轴（或滑块）-1			16	两构件形成转动副时用作滑块时用 14
15	带垫片螺栓		M6	48	转动副轴与连杆间构成转动副或移动副用 15

（续）

序号	名称	示意图	规格	数量	使用说明钢印号尾数对应于使用层面数
16	压紧螺栓		M6	48	转动副轴与连杆形成同一构件时用 16
17	运动构件层面限位套		$L=5mm$ $L=15mm$ $L=30mm$ $L=45mm$ $L=60mm$	35 40 20 20 10	17-1 17-2 17-3 17-4 17-5
18	电机带轮 主动轴皮带轮		大孔轴 （用于旋转电机） 小孔轴 （用于主动轴）	3 3	大皮带轮已安装在旋转电机轴上 18
19	盘杆转动轴		$L=20mm$ $L=35mm$ $L=45mm$	6 6 4	盘类零件与连杆形成转动副时用 17-1 17-2 17-3
20	固定转轴块			8	用螺栓将其锁紧在连杆长槽上，可与此同13号件配合 20
21	连杆加长或固定凸轮弹簧用螺栓、螺母		M10	各18	用于两连杆加长时的锁定和固定弹簧 21
22	曲柄双连杆部件		组合件	4	偏心轮与活动圆环形成转动副，且已制成一组合件 22
23	齿条导向板			8	将齿条夹紧在两块齿条导向板之间，保证与齿轮的正常啮合 23
24	转滑副轴			16	扁头轴与一构件形成转动副，圆头轴与另一构件形成滑动副 24
25	安装电机座和行程开关座用内六角螺栓、平垫	标准件	M8×25 $\Phi 8$	各20	
26	内六角螺钉	标准件	M6×15	4	用于主动滑块座固定在直线电机齿条上

（续）

序号	名称	示意图	规格	数量	使用说明钢印号尾数对应于使用层面数
27	内六角紧定螺钉		M6×6	18	
28	滑块			64	已于机架相连
29	实验台机架			4	机架内可移动立柱 5 根
30	立柱垫圈		Φ9	40	已与机架相连
31	锁紧滑块方螺母		M6	64	已与滑块相连
32	T 形螺母			20	卡在机架的长槽内，可轻松用螺栓固定电机座
33	光槽行程开关			2	两光槽开关的安装间距即为直线电机齿条在单方向的位移量
34	平垫片、防脱螺母		Φ17 M12	20 76	使轴相对于机架不转动时用，防止轴从机架上脱出
35	转速电机座			3	已与电机相连
36	直线电机座			1	已与电机相连
37	平键		3×15	20	主动轴与皮带轮的连接

（续）

序号	名称	示意图	规格	数量	使用说明钢印号尾数对应于使用层面数
38	直线电机控制器			1	与行程开关配用可控制直线电机的往复运动行程
39	皮带	标准件	O 型	3	
40	直线电机、旋转电机		10mm/s 10r/min	1 3	配电机行程开关一对
41	使用说明书			1	内附装箱零部件清单

直线电机安装在实验台机架底部，并可沿机架底部的长槽移动。直线电机的长齿条即为机构输入直线运动的主动件。在实验中，允许齿条单方向的最大直线位移为 290mm，实验者可根据主动滑块的位移量（即直线电机的齿条位移量）确定两光槽行程开关的相对间距，并且将两光槽行程开关的最大安装间距限制在 290mm 范围内。

控制器面板（见图 7-6）采用电子组合设计方式，控制电路采用低压电子集成电路和微型密封功率继电器，并采用光槽作为行程开关，极具使用安全。控制器的前面板为 LED 显

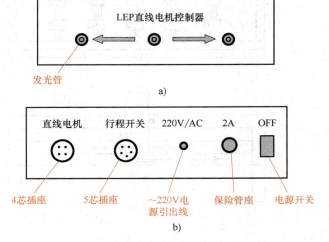

图 7-6　控制器面板图

a）前面板图　b）后面板图

示方式，当控制器的前面板与操作者是面对面的位置关系时，控制器上的发光管指示直线电机齿条的位移方向。控制器的后面板上置有电源引出线及开关、与直线电机相连的 4 芯插座、与光槽行程开关相连的 5 芯插座和 2A 保险管座。

7.6　构件和运动副的拼接

根据事先拟订的机构运动简图，利用机械运动创新方案拼接实验台提供的零件，按机构运动的传递顺序进行拼接。拼接时，首先要分清机构中各构件所占据的运动平面，并且使各构件的运动在相互平行的平面内进行，其目的是避免各运动构件发生干涉。然后，以机架铅垂面为参考面，所拼接的构件以原动构件开始，按运动传递顺序将各杆组由里向外进行拼接。

1. 实验台机架

如图 7-7 所示，实验台机架中有 5 根铅垂立柱，它们可沿 x 方向移动。移动时请用双手扶稳立柱、并尽可能使立柱在移动过程中保持铅垂状态，这样便可以轻松推动立柱。立柱移

动到预定的位置后，将立柱上、下两端的螺栓锁紧（安全注意事项：不允许将立柱上、下两端的螺栓卸下，在移动立柱前只需将螺栓拧松即可）。立柱上的滑块可沿 y 方向移动。将滑块移动到预定的位置后，用螺栓将滑块紧定在立柱上。按上述方法即可在 x、y 平面内确定活动构件相对机架的连接位置。面对操作者的机架铅垂面称为拼接起始参考面或操作面。

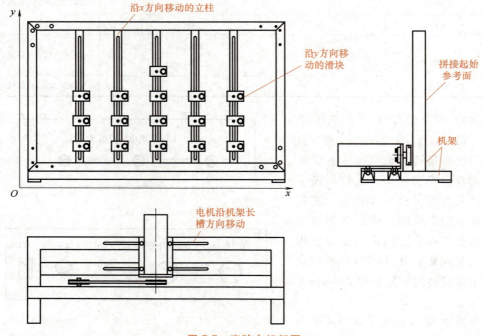

图 7-7　实验台机架图

2. 各零部件之间的拼接方法

下面列举了一些零部件之间的拼接方法，拼接图中的编号与"机构运动方案创新设计实验台"零部件序号相同。

（1）轴相对机架的拼接（见图 7-8）　有螺纹端的轴颈可以插入滑块 28 上的铜套孔内，通过平垫片、防脱螺母 34 的连接与机架形成转动副或与机架固定。若拼接后，6 或 8 轴相对机架固定；若不使用平垫片 34，则 6 或 8 轴相对机架做旋转运动。拼接者可根据需要确定是否使用平垫片 34。

扁头轴 6 为主动轴，8 为从动轴。该轴主要用于与其他构件形成移动副或转动副、也可将连杆或盘类零件等固定在扁头轴颈上，使之成为一个构件。

（2）转动副的拼接（见图 7-9）　若两连杆间形成转动副，转动副轴 14 的扁平轴颈可分别插入两连杆 11 的圆孔内，再用压紧螺栓 16 和带垫片螺栓 15 分别与转动副轴 14 两端面上的螺孔连接。

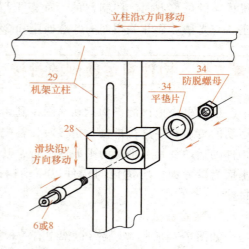

图 7-8　轴相对机架的拼接

这样，有一根连杆被压紧螺栓 16 固定在 14 件的轴颈处，而与带垫片螺栓 15 相连接的 14 件相对另一连杆转动。

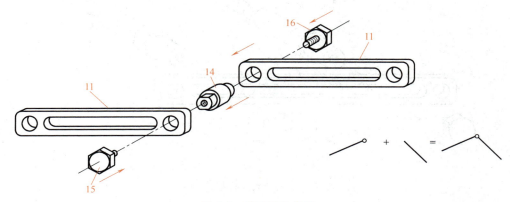

图 7-9　转动副的拼接

提示：根据实际拼接层面的需要，14 件可用 7 件"转动副轴-3"替代，由于 7 件的轴颈较长，此时需选用相应的运动构件层面限位套 17 对构件的运动层面进行限位。

（3）移动副的拼接　第一种形成移动副的拼接方式如图 7-10 所示，转滑副轴 24 的圆轴端插入连杆 11 的长槽中，通过带垫片螺栓 15 的连接，转滑副轴 24 可与连杆 11 形成移动副。

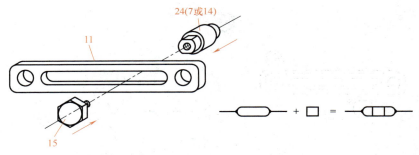

图 7-10　移动副的拼接（一）

提示：转滑副轴 24 的另一端扁平轴可与其他构件形成转动副或移动副。根据拼接的实际需要，也可选用 7 或 14 件替代 24 件作为滑块。

另外一种形成移动副的拼接方式如图 7-11 所示。选用两根轴（6 或 8），将轴固定在机架上，然后再将连杆 11 的长槽插入两轴的扁平轴颈上，旋入带垫片螺栓 15，则连杆在两轴的支承下相对机架做往复移动。

提示：根据实际拼接的需要，若选用的轴颈较长，此时需选用相应的运动构件层面限位套 17 对构件的运动层面进行限位。

（4）滑块与连杆组成转动副和移动副的拼接（见图 7-12）　转动滑块 13 的扁平轴颈处与连杆 11 形成移动副；在构件 20、21 的帮助下，转动滑块 13 的圆轴颈处与另一连杆在连杆长槽的某一位置形成转动副。首先用螺栓、螺母 21 将固定转轴块 20 锁定在连杆 11 上，再将转动滑块 13 的圆轴端穿插 20 件的圆孔及连杆 11 的长槽中，用带垫片螺栓 15 旋入 13 件的圆轴颈端面的螺纹孔中，这样 13 件与 11 件形成转动副。将 13 件的扁头轴颈插入另一连杆的长槽中，

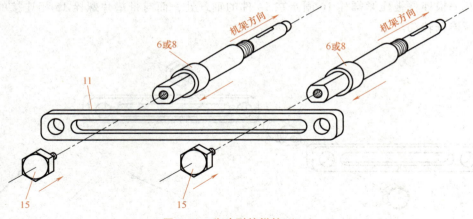

图 7-11 移动副的拼接（二）

将 15 件旋入 13 件的扁平轴端面螺纹孔中，这样 13 件与另一连杆 11 形成移动副。

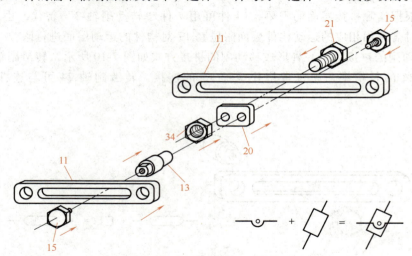

图 7-12 滑块与连杆组成转动副和移动副的拼接

（5）齿轮与轴的拼接（见图 7-13） 齿轮 2 装入轴 6 或轴 8 时，应紧靠轴（或运动构件层面限位套）的根部，以防止造成构件的运动层面距离的累积误差。按图示连接好后，用内六角紧定螺钉 27 将齿轮固定在轴上（注意：螺钉应压紧在轴的平面上）。这样，齿轮与轴形成一个构件。

若不用内六角紧定螺钉 27 将齿轮固定在轴上，欲使齿轮相对轴转动，则选用带垫片螺栓 15 旋入轴端面的螺孔内即可。

（6）齿轮与连杆形成转动副的拼接（见图 7-14） 连杆 11 与齿轮 2 形成转动副。视所选

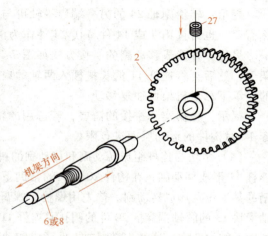

图 7-13 齿轮与轴的拼接

用盘杆转动轴 19 的轴颈长度不同，决定是否需用运动构件层面限位套 17。

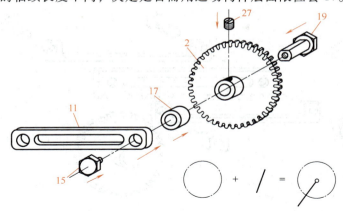

图 7-14　齿轮与连杆形成转动副的拼接

若选用轴颈长度 $L=35\mathrm{mm}$ 的盘杆转动轴 19，则可组成双联齿轮，并与连杆形成转动副（见图 7-15）；若选用 $L=45\mathrm{mm}$ 的盘杆转动轴 19，同样可以组成双联齿轮，与前者不同的是要在盘杆转动轴 19 上加装一个运动构件层面限位套 17。

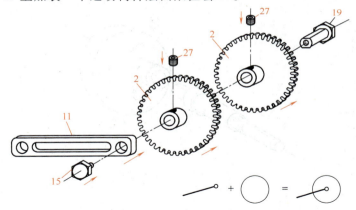

图 7-15　双联齿轮与连杆形成转动副的拼接

（7）齿条护板与齿条、齿条与齿轮的拼接（见图 7-16）　当齿轮相对齿条啮合时，若不使用齿条导向板，则齿轮在运动时会脱离齿条。为避免此种情况发生，在拼接齿轮与齿条啮合运动方案时，需选用两根齿条导向板 23 和螺栓、螺母 21 按图 7-16 所示的方法进行拼接。

（8）凸轮与轴的拼接（见图 7-17）　凸轮 1 与轴 6 或 8 形成一个构件。

若不用内六角紧定螺钉 27 将凸轮固定在轴上，而选用带垫片螺栓 15 旋入轴端面的螺孔内，则凸轮相对轴转动。

（9）凸轮高副的拼接（见图 7-18）　首先将轴 6 或 8 与机架相连。然后分别将凸轮 1、从动件连杆 11 拼接到相应的轴上去。用内六角紧定螺钉 27 将凸轮紧定在轴 6 上，凸轮 1 与轴 6 形成一个运动构件；将带垫片螺栓 15 旋入轴 8 端面的螺孔中，连杆 11 相对轴 8 做往复移动。高副锁紧弹簧的小耳环用螺栓 21 固定在从动杆连杆上，大耳环的安装方式可根据拼接情况自定，必须注意弹簧的大耳环安装好后，弹簧不能随运动构件转动，否则弹簧会被缠绕在转轴上而不能工作。

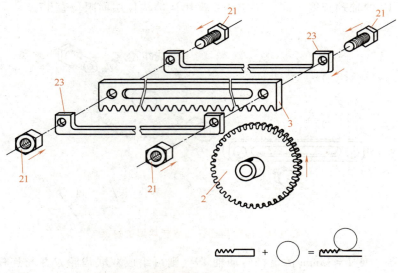

图 7-16　齿轮护板与齿条、齿条与齿轮的拼接

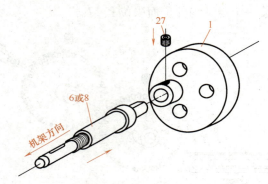

图 7-17　凸轮与轴的拼接

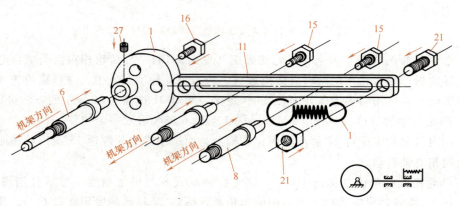

图 7-18　凸轮高副的拼接

　　提示：用于支承连杆的两轴间的距离应与连杆的移动距离（凸轮的最大升程为 30mm）相匹配。欲使凸轮相对轴的安装更牢固，还可在轴端面的内螺孔中加装带垫片螺栓 15。

　　（10）槽轮副的拼接　图 7-19 为槽轮副的拼接示意图。通过调整两轴 6 或轴 8 的间距使槽轮的运动传递灵活。

　　提示：为使盘类零件相对轴更牢靠地固定，除使用内六角紧定螺钉 27 紧固外，还可加用压紧螺栓 16。

　　（11）曲柄双连杆部件的使用（见图 7-20）曲柄双连杆部件 22 是由一个偏心轮和一个活动圆环组合而成的。在拼接类似蒸汽机机构运动方案时，需要用到曲柄双连杆部件，否则会产生运动干涉。欲将一根连杆与偏心轮形成同一构件，可将该连杆与偏心轮固定在同一根轴 6 或 8 上，此时该连杆相当于机构运动简图中的 AB 杆。

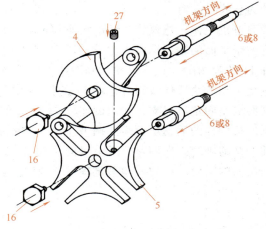

图 7-19 槽轮副的拼接

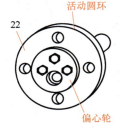

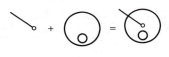

图 7-20 曲柄双连杆部件的使用

　　（12）滑块导向杆相对机架的拼接（见图 7-21）将轴 6 或轴 8 插入滑块 28 的轴孔中，用平垫片、防脱螺母 34 将轴 6 或轴 8 固定在机架 29 上，并使轴颈平面平行于直线电机齿条的运动平面，以保证主动滑块插件 9 的中心轴线与直线电机齿条的中心轴线相互垂直且在一个运动平面内；将滑块导向杆 11 通过压紧螺栓 16 固定在 6 或 8 件的轴颈上。这样，滑块导向杆 11 与机架 29 成为一个构件。

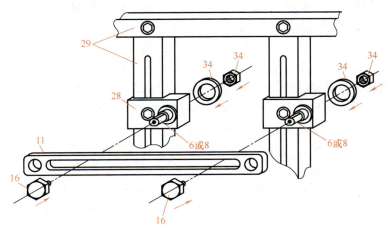

图 7-21 滑块导向杆相对机架的拼接

　　（13）主动滑块与直线电机齿条的拼接（见图 7-22）当滑块为原动件且接受的输入运

动为直线运动时，首先将主动滑块座 10 套在直线电机的齿条上（为了避免直线电机齿条不脱离电机主体，建议将主动滑块座固定在电机齿条的端头位置），再将主动滑块插件 9 上只有一个平面的轴颈端插入主动滑块座 10 的内孔中，有两平面的轴颈端插入起支承作用的连杆 11 的长槽中（这样可使主动滑块不做悬臂运动），然后，将主动滑块座调整至水平状态，直至主动滑块插件 9 相对连杆 11 的长槽能做灵活的往复直线运动为止，此时用螺栓 16 将主动滑块座固定。起支承作用的连杆 11 固定在机架 29 上的拼接方法请参看图 7-21。最后，根据外接构件的运动层面需要调节主动滑块插件 9 的外伸长度（必要的情况下，沿主动滑块插件 9 的轴线方向调整直线电机的位置），以满足与主动滑块插件 9 形成运动副的构件的运动层面的需要，用内六角紧定螺钉 27 将主动滑块插件 9 固定在主动滑块座 10 上。

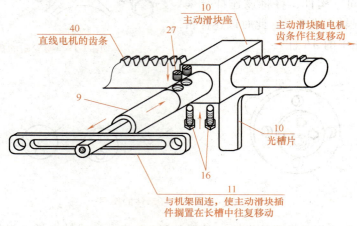

图 7-22　主动滑块与直线电机齿条的拼接

提示：图中拼接的部分仅为某一机构的主动运动部分，后续拼接的构件还将占用空间，因此，在拼接图示部分时尽量减少占用空间，以方便此后的拼接需要。具体的做法是将直线电机固定在机架的最左边或最右边位置。

（14）光槽行程开关的安装（见图 7-23）　首先用螺钉将光槽片固定在主动滑块座上；再将主动滑块座水平地固定在直线电机齿条的端头；然后用内六角螺钉将光槽行程开关固定在实验台机架底部的长槽上，且使光槽片能顺利通过光槽行程开关，也即光槽片处在光槽间隙之间，这样可保证光槽行程开关有效工作而不被光槽片撞坏。

在固定光槽行程开关前，应调试光槽行程开关的控制方向与电机齿条的往复运动方向和谐一致。具体操作：请操作者拿一可遮挡光线的薄物片（相当于光槽片）间断插入或抽出光槽行程开关的光槽，以确认光槽行程开关的安装方位与光槽行程开关所控制的电机齿条运动方向协调一致；确保光槽行程开关的安装方位与光槽行程开关所控制的电机齿条运动方向协调一致后方可固定光槽行程开关。

操作者应注意：直线电机齿条的单方向位移量是通过上述一对光槽行程开关的间距来实现其控制的。光槽行程开关之间的安装间距即为直线电机齿条在单方向的行程，一对光槽行程开关的安装间距要求不超过 290mm。由于主动滑块座需要靠连杆支承（参看图 7-22），也即主动滑块是在连杆的长孔范围内做往复运动，而最长连杆 11-7 上的长孔尺寸小于 300mm，因此，一对光槽行程开关的安装间距不能超过 290mm，否则会造成人身和设备的安全事故。

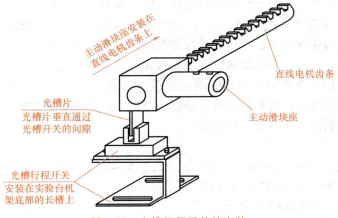

图 7-23 光槽行程开关的安装

（15）蒸汽机机构拼接实例 通过如图 7-24 所示的蒸汽机机构拼接实例，操作者可进一步熟悉零件的使用。在实际拼接中，为避免蒸汽机机构中的曲柄滑块机构与曲柄摇杆机构间的运动发生干涉，机构运动简图中所标明的构件 1 和构件 4 应选用曲柄双连杆部件 22 和一根短连杆 11 替代二者的作用。

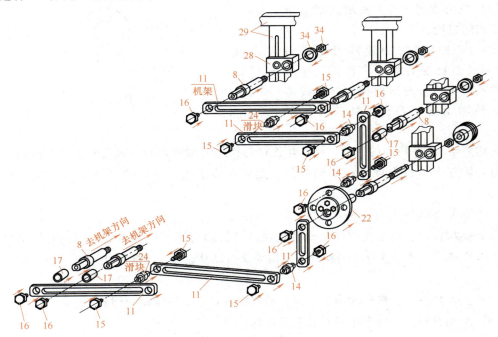

图 7-24 蒸汽机机构拼接实例

🔥 7.7 实验内容

实验前首先要以平面机构运动简图的形式拟订机构运动方案，然后使用 CQJP-D 机构运动创新设计实验台进行运动方案的拼接，通过调整布局、连接方式及尺寸来验证和改进设计，最终确定切实可行、性能较优的机构运动方案和参数。

实验时每3~4名学生一组，至少完成一种运动方案的拼接设计实验。

机构运动方案可由学生根据原始设计数据要求进行构思和设计，也可从下列工程机械的各种实际机构中进行选择，并完成其方案的拼接和运动关系验证。

下列实例的机构运动简图中所标注的数字编号的意义为：横杠前面的数字代表构件编号，横杠后面的数字为建议该构件所占据的运动层面。运动层面数的第1层是指机架的拼接起始参考面，层面数越大距离第1层越远。

1. 蒸汽机机构（见图7-25）

（1）结构说明　组件1-2-3-8组成曲柄滑块机构，组件8-1-4-5组成曲柄摇杆机构，组件5-6-7-8组成摇杆滑块机构。曲柄摇杆机构与摇杆滑块机构串联组合。

（2）工作特点　滑块3、7做往复运动并有急回特性。适当选取机构运动学尺寸，可使两滑块之间的相对运动满足协调配合的工作要求。

（3）应用举例　蒸汽机的活塞运动及阀门启闭机构。

注：构件1（偏心轮）与构件4（活动圆环）已组合为一个构件，称为曲柄双连杆部件。两活动构件形成转动副，且转动副的中心在圆环的几何中心处。

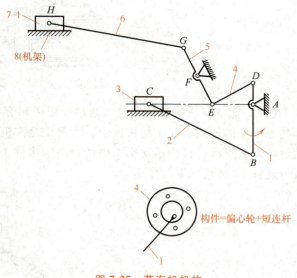

图7-25　蒸汽机机构

为达到延长AB距离的目的，将一短连杆与构件1固定在同一根转轴上，可使轴、短连杆和偏心轮三个零件形成同一活动构件。建议在实际拼接中，使短连杆占据第三层运动层面。

2. 自动车床送料机构（见图7-26）

（1）结构说明　由平底直动从动件盘状凸轮机构与连杆机构组成。当凸轮转动时，推动杆5往复移动，通过连杆4与摆杆3及滑块2带动从动件1（推料杆）做周期性往复直线运动。

（2）工作特点　一般凸轮为主动件，能够实现较复杂的运动规律。

（3）应用举例　自动车床送料及进刀机构。

3. 六杆机构（见图7-27）

（1）结构说明　由曲柄摇杆机构6-1-2-3与摆动导杆机构3-4-5-6组成六杆机构。曲柄1为主动件，摆杆5为从动件。

（2）工作特点　当曲柄1连续转动时，通过杆2使摆杆3做一定角度的摆动，再通过导杆机构使摆杆5的摆角增大。

（3）应用举例　缝纫机摆梭机构。

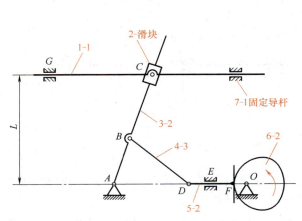

图 7-26　自动车床送料机构

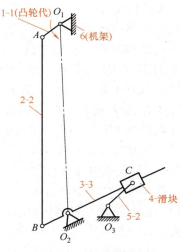

图 7-27　六杆机构

4. 双摆杆摆角放大机构（见图 7-28）

（1）结构说明　主动摆杆 1 与从动摆杆 3 的中心距 L 应小于摆杆 1 的半径 r。

（2）工作特点　当主动摆杆 1 摆动 α 角时，从动杆 3 的摆角 β 大于 α，实现摆角增大，各参数之间的关系为

$$\beta = 2\arctan \frac{(r/L)\tan(\alpha/2)}{(r/L)-\sec(\alpha/2)}$$

注：由于图 7-28a 中存在双摆杆，所以不能用电机带动，只能用手动方式观察其运动。若要电机带动，则可按图 7-28b 所示方式拼接。

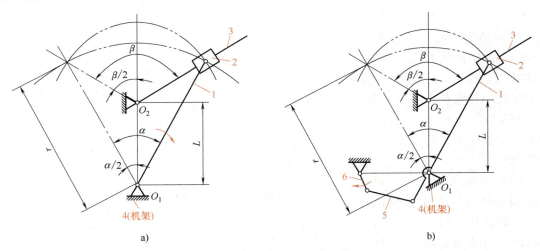

图 7-28　双摆杆摆角放大机构

5. 转动导杆与凸轮放大升程机构（见图 7-29）

（1）结构说明　曲柄 1 为主动件，凸轮 3 和导杆固连。

（2）工作特点　当曲柄 1 由图示位置顺时针转过 90°时，导杆和凸轮一起转过 180°。该机构常用于凸轮升程较大，而升程角受到某些因素的限制不能太大的情况。该机构制造安装

简单，工作性能可靠。

6. 铰链四杆机构（见图7-30）

（1）结构说明　双摇杆机构 $ABCD$ 的各构件长度满足条件：机架 $l_{AB} = 0.64l_{BC}$，摇杆 $l_{AD} = 1.18l_{BC}$，连杆 $l_{DC} = 0.27l_{BC}$，E 点为连杆 CD 延长线上的点，且 $l_{DE} = 0.83l_{BC}$。BC 为主动摇杆。

（2）工作特点　当主动摇杆 BC 绕 B 点摆动时，E 点轨迹为图中双点画线所示，其中有一段为近似直线。

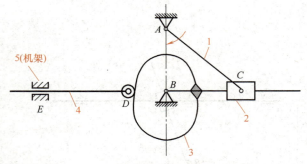

图7-29　转动导杆与凸轮放大升程机构

（3）应用举例　可用作固定式港口用起重机，E 点处安装吊钩。利用 E 点轨迹的近似直线段吊装货物，能符合吊装设备的平稳性要求。

注：由于图7-30a中是双摇杆，所以不能用电机带动，只能用手动方式观察其运动。若要电机带动，则可按图7-30b所示方式串联一个曲柄摇杆机构。

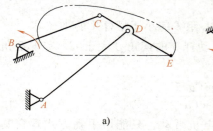
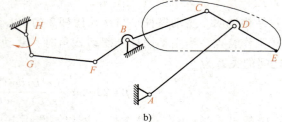

a)　　　　　　　　　　　　　b)

图7-30　铰链四杆机构

7. 冲压送料机构（见图7-31）

（1）结构说明　组件1-2-3-4-5-9组成导杆摇杆滑块机构，完成冲压动作；由组件1-8-7-6-9组成齿轮凸轮机构，完成送料动作。冲压机构是在导杆机构的基础上，串联一个摇杆滑块机构组合而成的。

（2）工作特点　导杆机构按给定的行程速度变化系数设计，它和摇杆滑块机构组合可达到工作段近于匀速的要求。适当选择导路位置，可使工作段压力角 α 较小。在工程设计中，按机构运动循环图确定凸轮工作角和从动件运动规律，则机构可在预定时间将工件送至待加工位置。

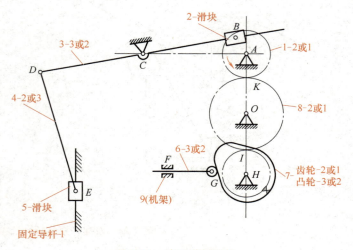

图7-31　冲压送料机构

（3）应用举例　冲压机械冲压及送料设备。

8. 铸锭送料机构（见图7-32）

（1）结构说明　滑块为主动件，通过连杆驱动双摇杆 $ABCD$，将从加热炉出来的铸锭（工件）送到下一工序。

（2）工作特点　粗实线位置为炉铸锭进入装料器中，装料器即为双摇杆机构 $ABCD$ 中的连杆 BC，当机构运动到虚线位置时，装料器翻转180°把铸锭卸放到下一工序的位置。主动滑块的位移量应控制在避免出现该机构运动死点（摇杆与连杆共线时）的范围内。

（3）应用举例　加热炉出料设备、加工机械的上料设备等。

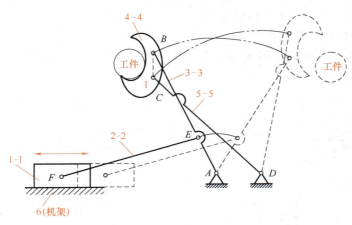

图7-32　铸锭送料机构

9. 插床的插削机构（见图7-33）

（1）结构说明　在 ABC 摆动导杆机构的摆杆 BC 反向延长线的 D 点上加由连杆4和滑块5组成的Ⅱ级杆组，成为六杆机构。

（2）工作特点　主动曲柄 AB 匀速转动，滑块5在垂直 AC 的导路上往复移动，具有急回特性。改变 ED 连杆的长度，滑块5可获得不同的规律。

（3）应用举例　在滑块5处固接插刀，可作为插床的插削机构。

10. 插齿机主传动机构（见图7-34）

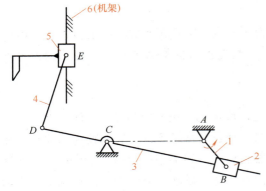

图7-33　插床的插削机构

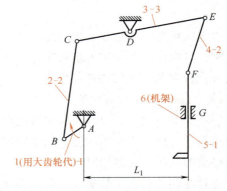

图7-34　插齿机主传动机构

（1）结构说明　组件1-2-3-6组成曲柄摇杆机构，组件3-4-5-6组成摇杆滑块机构，两机构串联组合成六杆机构。

（2）工作特点　该机构既具有空回行程的急回特性，又具有工作行程的等速性。

（3）应用举例　插齿机的主传动机构。

11. 刨床导杆机构（见图7-35）

（1）结构说明　组件1-2-3-6构成摆动导杆机构，组件3-4-5-6构成摇杆滑块机构。两机构串联组合，其动力是由电机经带、齿轮传动使曲柄1绕轴A回转，再经滑块2、导杆3、连杆4带动装有刨刀的滑枕5沿机架6的导轨槽做往复直线运动，从而完成刨削工作。

（2）工作特点　工作行程接近匀速运动，空回行程可实现急回。

（3）应用举例　牛头刨床主运动机构。

12. 曲柄增力机构（见图7-36）

（1）结构说明　由组件1-2-3-6组成曲柄摇杆机构，组件3-4-5-6组成摇杆滑块机构。两机构串联组合。

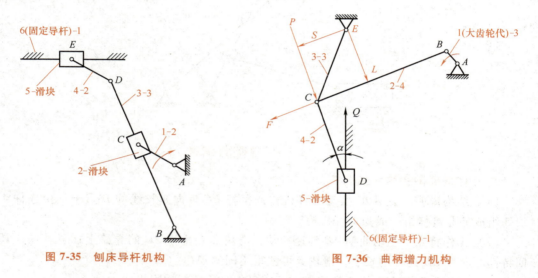

图7-35　刨床导杆机构　　　　　　图7-36　曲柄增力机构

（2）工作特点　当BC杆受力F，CD杆受力P时，则滑块5产生的压力为

$$Q = \frac{FL\cos\alpha}{S}$$

由上式可知，减小α和S及增大L，均能增大压力Q，从而增大机构的增力倍数。因此设计时，可根据需要的增力倍数决定α、S与L，即决定滑块的加力位置，再根据加力位置决定A点位置和有关的构件长度。

13. 曲柄滑块机构与齿轮齿条机构的组合

（1）结构说明　图7-37a所示为齿轮齿条行程倍增传动，由固定齿条5、移动齿条4和动轴齿轮3组成。当动轴齿轮3的轴线向右移动时，通过与齿条5的啮合，使动轴齿轮3在向右移动的同时，又做顺时针方向转动。因此动轴齿轮3做转动和移动的复合运动。与此同时，通过与移动齿条4的啮合，带动移动齿条4向右移动，设动轴齿轮3的行程为S_1，移动齿条4的行程为S，则有：$S = 2S_1$。

图7-37b所示机构由齿轮齿条倍增传动与对心曲柄滑块机构串联组成，当曲柄转动带动C点移动时，在移动齿条4上可得到较大行程。如果应用对心曲柄滑块机构实现行程放大，

以要求保持机构受力状态良好，即传动压力角较小，可应用"行程分解变换原理"，将给定的曲柄滑块机构的大行程 S 分解成两部分，$S = S_1 + S_2$，按行程 S_1 设计对心曲柄滑块机构；按行程 S_2 设计附加机构，使机构的总行程为 $S = S_1 + S_2$。

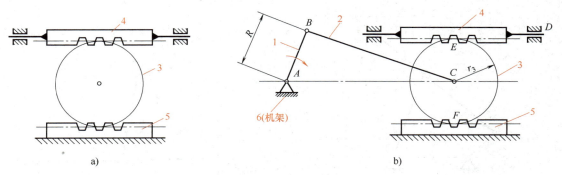

a)　　　　　　　　　　　　　　b)

图 7-37　曲柄滑块机构与齿轮齿条机构的组合

（2）工作特点　此组合机构最重要的特点是上齿条的行程比齿轮 3 的铰接中心点 C 的行程大。此外，上齿条作做复直线运动且具有急回特性。当主动件曲柄 1 转动时，齿轮 3 沿固定齿条 5 往复滚动，同时带动齿条 4 做往复移动，齿条 4 的行程与曲柄长 R 之间的关系为 $S = S_1 + S_2 = 2R + 2R = 4R$。

（3）应用举例　印刷机送纸机构。

若曲柄滑块机构相对齿轮 3 中心偏置（见图 7-38），此时齿条 4 的行程 S 与 R 应是怎样的关系？齿条 4 的位移量与齿轮 3 中心点 C 的位移量之间又是何关系？由实验者自选推证。

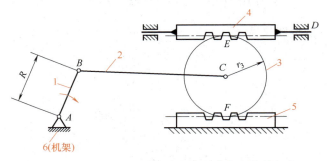

图 7-38　偏置曲柄滑块机构与齿轮齿条机构的组合

在工程实际中，还可以对图 7-37b 所示的机构进行变通。如齿轮 3 改用节圆半径分别为 r_3、r_3' 的双联齿轮 3、3'，并以 3 与齿条 5 啮合，3' 与齿条 4 啮合，则齿条 4 的行程为 $S = 2\left(1 + \dfrac{r_3'}{r_3}\right) R$，当 $r_3' > r_3$ 时，$S > 4R$。

14. 曲柄摇杆机构（见图 7-39）

（1）结构说明　当机构尺寸满足 $l_{BC} = l_{CD} = l_{CM} = 2.5 l_{AB}$ 和 $l_{AD} = 2 l_{AB}$ 时，曲柄 1 绕 A 点沿着 a-d-b 转动半周，连杆 2 上 M 点轨迹近似为直线 a_1-d_1-b_1。

（2）应用举例　搬运货物的输送机及电影放映机的抓片机构等。

15. 四杆机构（见图 7-40）

（1）结构说明　当机构尺寸满足 $l_{BC} = l_{CD} = l_{CM} = l$、$l_{AB} = 0.136 l$ 和 $l_{AD} = 1.41 l$ 时，构件 1

绕 A 点顺时针方向转动，构件 2 上 M 点以逆时针方向转动，其轨迹近似为圆形。

（2）应用举例　搅拌机机构。

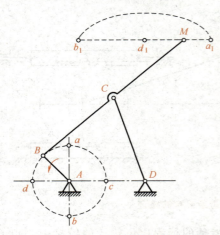

图 7-39　曲柄摇杆机构

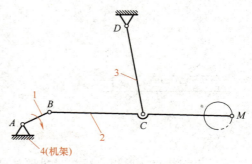

图 7-40　四杆机构

16. 曲柄滑块机构（见图 7-41）

（1）结构说明　当机构尺寸满足 $l_{AB}=l_{BC}=l_{BF}$ 时，构件 1 绕 A 点转动，构件 2 上 F 点沿 Ay 轴运动，D 点和 E 点轨迹为椭圆，其方程为

$$\frac{x^2}{FD^2}+\frac{y^2}{CD^2}=1 \quad 和 \quad \frac{x^2}{FE^2}+\frac{y^2}{CE^2}=1$$

（2）应用举例　画椭圆仪器。

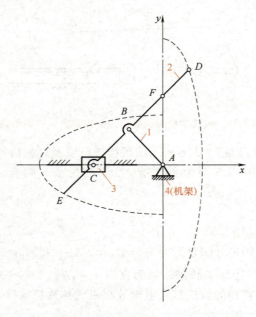

图 7-41　曲柄滑块机构

7.8　实验方法及步骤

（1）预习实验　掌握实验原理，初步了解机构创新模型。

（2）选择设计题目　初步拟订机构系统运动方案。

（3）正确拆分杆组　先画在纸上拆分，然后在实验台上拆分。

从机构中拆出杆组有三个步骤：

1）先去掉机构中的局部自由度和虚约束。

2）计算机构的自由度，确定原动件。

3）从远离原动件的一端开始拆分杆组，每次拆分时，先试着拆分出Ⅱ级组，没有Ⅱ级组时，再拆分Ⅲ级组等高级组，最后剩下原动件和机架。

拆分杆组是否正确的判定方法是：拆去一个杆组或一系列杆组后，剩余的必须为一个与原机构具有相同自由度的子机构或若干个与机架相连的原动件，不能有不成组的零散构件或运动副存在；全部杆组拆完后，只应当剩下与机架相连的原动件。

图7-42所示为杆组拆分示例图，可先除去 K 处的局部自由度；然后，按步骤2）计算机构的自由度 $F=1$，并确定凸轮为原动件；最后根据步骤3）的要领，先拆分出由构件4和5组成的Ⅱ级组，再拆分出由构件3和2及构件6和7组成的两个Ⅱ级组及由构件8组成的单构件高副杆组，最后剩下原动件1和机架9。

（4）在桌面上初步拼装杆组　使用CQJP-D型机构运动创新设计方案实验台的多功能零件，按照自己设计的草图，先在桌面上进行机构的初步试验组装，这一步的目的是杆件分层。一方面为了使各个杆件在相互平行的平面内运动，另一方面为了避免各个杆件、各个运动副之间发生运动干涉。

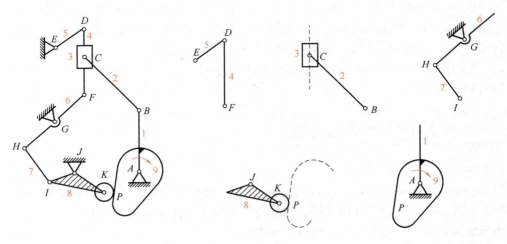

图7-42　杆组拆分示例图

（5）正确拼装杆组　按照上一步骤试验好的分层方案，使用实验台的多功能零件，从最里层开始，依次将各个杆件组装连接到机架上。要注意构件杆的选取、转动副的连接、移动副的连接、原动件的组装方式。

（6）输入构件的选择　根据输入运动的形式选择原动件。若输入运动为转动（工程实际中以柴油机、电动机等为动力的情况），则选用双轴承式主动定铰链轴或蜗杆为原动件，并使用电机通过软轴联轴器进行驱动；若输入运动为移动（工程实际中以液压缸、气缸等为动力的情况），可选用直线电机驱动。

（7）实现确定运动　试用手动方式驱动原动件，观察各部件的运动都畅通无阻之后，再与电机相连。检查无误后，方可接通电源。

（8）分析机构的运动学及动力学特性　通过动态观察机构系统的运动，对机构系统运动学及动力学特性做出定性的分析，一般包括如下几个方面。

1）各个构件、运动副是否发生干涉。

2）有无"憋劲"现象。

3）输入转动原动件是否为曲柄。

4）输出件是否具有急回特性。

5）机构的运动是否连续。

6）最小传动角（或最大压力角）是否超过其许用值，是否在非工作行程中。

7）机构运动过程中是否具有刚性冲击或柔性冲击。

8）机构是否灵活、可靠地按照设计要求运动到位。

9）自由度大于1的机构，其几个原动件能否使整个机构的各个局部实现良好的协调动作。

10）控制元件的使用及安装是否合理，是否按预定的要求正常工作。

若观察机构系统运动发生问题，则必须按前述步骤进行组装调整，直至该模型机构灵活、可靠地完全按照设计要求运动。

（9）确定方案、撰写实验报告

1）用实验方法确定了设计方案和参数后，再测绘自己组装的模型，换算出实际尺寸，填写实验报告，包括按比例绘制正规的机构运动简图，标注全部参数，划分杆组，指出自己有所创新之处、不足之处并简述改进的设想。

2）在教师验收合格并拍照后，自行拆除搭接机构，同时将所有零件物归原处。

3）撰写实验报告。

7.9　注意事项及常见问题

1. 注意事项

1）注意分清机构中各构件所占据的运动平面，机构的外伸运动层面数越少，机构运动越平稳，为此，建议机构中各构件的运动层面以交错层的排列方式进行拼接。一般以实验台机架铅垂面为拼接的起始参考面，由里向外进行拼装。

2）注意避免相互运动的两构件之间运动平面紧贴而摩擦力过大的情况，适时装入层面限位套。

3）保证每一步所拼装的构件间运动相对灵活，然后才可以进行下一步的拼装。

4）整个运动系统拼装完成后，首先通过手动原动件进行运动情况检验，转动灵活，无运动干涉时才可以启动电动机带动系统工作。

2. 常见问题

1）在设计机构运动方案时，若计算出来的自由度不为1，而是2甚至是3或4，此时要通过压紧螺栓等零件来增加机构的约束。

2）若运动构件出现干涉现象，应注意拼装时保证各构件均在相互平行的平面内运动，同时保证各构件运动平面与轴线的垂直。

7.10　工程实践

机构创新是机械及其功能创新的基础。机构是机械的基本元素，从机械构成及运动原理上分析，机器一般是一个或若干个机构组成的综合体，机器的功能实现常要先归结为其机构的结构构成及运动方案设计，而机器功能的改进与创新，也往往首先从机构的分析及其创新设计开始。研究机构创新设计问题，是进行良好的机械设计及创新的基础，该方面的实践与能力培养，对机械专业的学生的创新能力与分析解决问题能力的提高有很重要的作用。

7.10.1　机械机构创新设计的步骤

1. 需求分析

（1）明确设计目标　与客户、用户或相关利益者沟通，清晰界定机械机构的用途。例如，设计用于自动化生产线的搬运机构，需明确其搬运对象（如零件的形状、重量、尺寸）、工作频率、搬运距离等关键指标。

（2）收集相关信息　了解同类产品或类似机构的现状，包括其优缺点、市场应用情况、技术水平等。通过查阅文献资料、市场调研报告、专利数据库，以及实地考察、产品拆解分析等方式，收集尽可能多的信息，为后续设计提供参考和借鉴。

2. 功能原理设计

（1）功能分解　将机械机构的总功能分解为若干子功能，构建功能结构树。如对于自动洗衣机的洗涤机构，可分解为衣物搅动、水流循环、洗涤剂添加等子功能。

（2）寻求功能原理　针对每个子功能，运用创新思维方法（如头脑风暴法、类比法、逆向思维法等），探索多种可能的实现原理。例如，实现物料输送功能，可考虑带式输送原理、链式输送原理、螺旋输送原理等。

（3）方案组合与筛选　将各个子功能的实现原理进行组合，形成多种功能原理方案。依据可行性、可靠性、经济性、先进性等评价标准，对这些方案进行初步筛选，确定少数几个较优方案进入下一阶段。

3. 机构类型综合

（1）机构类型选择　根据功能原理方案，结合机构学知识，选择合适的基本机构类型或其组合来实现相应的运动和动作要求。例如，要实现往复直线运动，可选择曲柄滑块机构、凸轮机构等。

（2）创新构型设计　在已有机构类型基础上，通过改变机构的结构参数、运动副类型、构件形状等进行创新构型。如将传统的平面四杆机构通过改变杆长比例、增加辅助构件，设计出具有特殊运动轨迹的新型四杆机构。

（3）机构运动学分析　运用机构运动学原理，对初步设计的机构进行运动学分析，确定各构件的运动参数（如位移、速度、加速度），检验机构是否能实现预期的运动要求，为后续的动力学分析和结构设计提供基础。

4. 机构动力学分析与优化

（1）动力学建模　考虑机构中各构件的质量、惯性力、摩擦力以及外部载荷等因素，建立机构的动力学模型。常用的方法有拉格朗日方程法、牛顿-欧拉方程法等。

（2）动力学分析求解　借助计算机辅助工程（CAE）软件，如 ADAMS 等，对动力学模型进行求解，得到机构在运动过程中的受力情况、能量消耗等动力学参数。分析这些参数对机构性能的影响，找出可能存在的问题，如惯性力过大导致振动、驱动力不足使运动不平稳等。

（3）优化设计　根据动力学分析结果，以提高机构性能、降低能耗、减小振动等为目标，对机构的结构参数、运动参数进行优化。通过多目标优化算法，寻求最优的设计参数组合，提升机构的整体性能。

5. 结构设计

（1）确定构件形状与尺寸　根据机构的运动要求、受力情况以及材料特性，确定各构件的具体形状和尺寸。在满足强度、刚度和稳定性的前提下，尽量使构件结构紧凑、重量轻、制造工艺简单。例如，对于承受较大弯矩的轴类构件，需根据受力分析计算其直径，并合理设计轴上的键槽、台阶等结构。

（2）选择材料与热处理　依据构件的工作条件和性能要求，选择合适的材料。考虑材料的强度、硬度、耐磨性、耐腐蚀性等性能指标，同时兼顾材料的成本和加工工艺性。对于一些关键构件，还需进行适当的热处理，如淬火、回火、调质等，以提高材料的力学性能。

（3）考虑制造与装配工艺　在结构设计过程中，充分考虑制造工艺和装配工艺的可行性和便利性。例如，设计合理的加工基准、装配定位结构，避免出现难以加工或装配的结构形状，降低生产成本，提高生产效率。

6. 详细设计与绘图

（1）完善设计细节　对机构的各个部分进行详细设计，包括确定零件的公差配合、表面粗糙度、倒角、圆角等细节尺寸和技术要求。合理选择标准件，如螺栓、螺母、轴承等，提高设计的通用性和互换性。

（2）绘制工程图样　运用 CAD 软件，绘制机构的装配图和零件图。装配图应清晰表达各构件之间的相对位置关系、连接方式和运动关系，标注出必要的尺寸、技术要求和零件明细表。零件图则要详细标注零件的全部尺寸、公差、形位公差、表面粗糙度等技术要求，为零件的加工制造提供准确的依据。

7. 设计验证与评估

（1）模型制作与试验　根据设计图纸，制作物理模型或样机，进行实际的性能测试和试验验证。通过试验，观察机构的实际运动情况，测量关键性能指标，如运动精度、承载能力、工作效率等，与设计预期进行对比分析，检验设计的正确性和可靠性。

（2）计算机仿真验证　利用计算机仿真技术，对机构的运动和力学性能进行模拟分析。如通过有限元分析（FEA）软件，对关键构件进行强度、刚度和模态分析；运用多体动力学软件，对机构的整体运动和动力学特性进行仿真。将仿真结果与理论计算和试验数据进行对比，验证设计的合理性。

（3）综合评估与改进　从技术、经济、环境等多个方面对设计进行综合评估。考虑机构的性能是否满足要求、制造成本是否合理、对环境的影响是否符合可持续发展原则等。根据评估结果，对设计进行必要的改进和完善，直至达到满意的设计效果。

7.10.2　机械机构创新设计的最新方法

（1）人工智能辅助设计　利用人工智能算法，如机器学习、深度学习等，对大量已有的机构设计案例进行学习和分析，挖掘其中的规律和潜在模式，从而为新的机构设计提供灵感和参考。AI还可进行自动化建模和优化，根据给定的设计目标和约束条件，快速生成多种可能的机构设计方案，并通过算法自动筛选和优化出最优或较优的方案。

（2）参数化与变量化设计　借助专业的CAD软件，建立机构的参数化模型，通过调整关键参数来快速改变机构的尺寸、形状和结构，实现不同的设计方案。变量化设计则进一步允许参数之间存在复杂的约束关系和逻辑运算，使设计人员可以更灵活地探索各种设计可能性，快速响应设计需求的变化。

（3）仿生设计　深入研究自然界中生物的结构、运动方式和功能原理，将其应用于机构创新设计中。比如模仿昆虫的腿部结构设计出高效的步行机器人机构，模拟鸟类翅膀的扑动原理开发新型的飞行器机构等，均为机构设计带来了独特的创新思路，从而提高机构的性能和适应性。

（4）虚拟现实（VR）与增强现实（AR）辅助设计　利用VR技术，设计人员可以身临其境地进入虚拟的设计环境中，直观地观察和操作机构模型，从不同角度进行评估和修改。AR技术则可以将虚拟的机构设计模型与现实场景相结合，方便设计人员在实际应用场景中对机构进行测试和验证，提前发现潜在的问题。

7.10.3　发展趋势

（1）智能化与自动化　未来机构创新设计将更加依赖智能化技术，实现从设计需求分析、方案的生成和优化到制造的全流程自动化和智能化。设计软件将具备更强的智能分析和决策能力，能够根据用户输入的简单需求和约束条件，自动生成高质量的创新设计方案，并通过与制造系统的无缝对接，实现快速原型制造和生产。

（2）跨学科融合　机构创新设计将与更多的学科领域深度融合，如生物学、物理学、材料科学、控制科学、计算机科学等。从不同学科中汲取知识和技术，开拓新的设计思路和应用领域，创造出更加复杂、高效、多功能的机构系统。

（3）绿色可持续发展　在设计过程中会更注重选择环保材料，优化机构的能源利用效率，减少对环境的影响。例如设计可回收、可降解的机构部件，采用高效的传动和驱动方式降低能耗，使机构在整个生命周期内都符合可持续发展的要求。

（4）定制化与个性化　随着市场需求的多样化和消费者对个性化产品的追求，机构创新设计将越来越倾向于定制化和个性化，能够根据不同用户的特定需求和使用场景，快速定制出具有独特功能和性能的机构产品，满足各行业和不同用户群体的个性化需求。

（5）云端协同设计　基于云计算和网络技术，设计团队可以在云端进行协同设计，实现跨地域、跨部门的实时协作。设计人员可以随时随地访问和共享设计数据，共同进行模型建立、分析和修改，提高设计效率和质量，缩短产品研发周期。

参 考 文 献

［1］ 崔玉霞. 机械基础实验教程［M］. 北京：化学工业出版社，2023.

［2］ 赵继俊，姜雪，马广英，等. 机械设计课程设计指导书：3D 版［M］. 北京：机械工业出版社，2023.

［3］ 任秀华，张超，秦广久，等. 机械设计基础课程设计［M］. 3 版. 北京：机械工业出版社，2021.

［4］ 张继忠，赵彦峻，徐楠，等. 机械设计：3D 版［M］. 北京：机械工业出版社，2017.

［5］ 何剑，侯文卿. 机械设计基础实验及创新设计［M］. 武汉：华中科技大学出版社，2021.

［6］ 任秀华，张超，张涵，等. 机械设计创新实践［M］. 北京：机械工业出版社，2013.

［7］ 巩云鹏，张伟华，孟祥志，等. 机械设计课程设计［M］. 2 版. 北京：科学出版社，2021.

［8］ 徐起贺，武正权，程鹏飞. 机械设计基础实训指南［M］. 3 版. 北京：北京理工大学出版社，2019.

实验报告一（机构认知实验）

班级：＿＿＿＿＿＿＿＿＿＿＿＿　　姓名：＿＿＿＿＿＿＿＿＿＿＿＿

学号：＿＿＿＿＿＿＿＿＿＿＿＿　　成绩：＿＿＿＿＿＿＿＿＿＿＿＿

一、实验目的

二、思考问答题

1. 概述

1）单缸汽油机由哪些机构组成？

2）蒸汽机由哪些机构组成？其基本工作原理是怎样的？

3）缝纫机由哪些机构组成？

4）在单缸汽油机、蒸汽机、缝纫机中找出两种低副、两种高副、两种转动副和两种移动副。

2. 平面连杆机构的分类

1）画出曲柄摇杆机构示意图，说明急回特性是指哪个构件在什么行程中存在急回。急回大小与机构的什么参数有关？

2）双曲柄机构在什么条件下有急回特性？在什么条件下无急回特性？

3）双曲柄机构有无死点位置？为什么？

4）双摇杆机构中连杆做什么运动？两个摇杆的摆角是否相同？

5）铰链四杆机构三种基本类型的区别是什么？

6）将铰链四杆机构做何种演变，可使之转化为曲柄滑块机构？曲柄滑块机构有无急回特性？

7）将曲柄滑块机构做何种演变，可使之转化为曲柄摇块机构？

8）转动导杆机构和摆动导杆机构有什么区别？

9）移动导杆机构中有无曲柄？常用于哪些地方？

10）何谓单移动副机构？何谓双移动副机构？双移动副机构是如何演化而来的？

11）曲柄移动导杆机构为什么又称为正弦机构？

12）双滑块机构为什么又称为椭圆机构？何谓连杆曲线？

13）双转块机构与双滑块机构相比有何区别？双转块机构的典型用途是什么？

3. 平面连杆机构的应用

1）颚式破碎机由哪些构件组成？在连接各构件时用了哪些运动副？具有哪些连杆机构特性？

2）"飞剪"采用了什么机构？如何保证上下刀口水平分速度相等且等于带钢运行速度，

以及刃具行走的垂直位移等于带钢的厚度？

3）压包机所采用的机构由几个构件组成？滑块机器的压块在完成每次压包时有停歇时间以便进行上下料工作，机构如何满足这一要求？

4）翻转机构采用了什么机构？如何满足造型与取模两个特殊工艺位置的要求？

5）电影摄影升降机采用的是什么机构？如何满足工作台在升降过程中始终保持水平位置这一要求？

6）港口起重机采用的是什么机构？如何满足起重机吊钩的运动轨迹为直线这一要求？

4. 凸轮机构

1）说明凸轮机构的特点及其组成，并以盘形凸轮为例说明凸轮各组成部分的名称。

2）分别按凸轮的形状、从动件运动形式、凸轮机构锁合方式说明凸轮机构的分类。

3）移动凸轮机构的凸轮轮廓是怎样形成的？举例说明移动凸轮机构的应用。

4）槽凸轮机构采用哪种锁合方式？对从动件的运动规律有没有限制？对从动件的结构有何要求？

5）采用哪种结构的凸轮可实现凸轮旋转两周，从动件完成一个运动循环？

6）等宽凸轮机构具有何种运动特性？对从动件的运动规律有没有限制？

7）等径凸轮机构具有何种运动特性？对从动件的运动规律有没有限制？

8）从运动学原理看，空间凸轮机构被命名为"空间"，是因其运动轨迹跨越多个平面，这一特性在实际应用中有何关键意义？

5. 齿轮机构的类型

1）做平行轴传动的齿轮按啮合方式分为哪几种？按轮齿排列方向分为哪几种？

2）外啮合直齿圆柱齿轮与内啮合直齿圆柱齿轮的区别何在？如不考虑转动方向的要求，采用哪种齿轮更好？为什么？

3）齿轮齿条机构是怎样形成的？与圆柱齿轮机构相比，它的突出特点是什么？

4）斜齿圆柱齿轮机构与直齿圆柱齿轮机构相比，有何优缺点？怎样判断齿轮轮齿的左旋和右旋？

5）人字齿圆柱齿轮的结构怎样？与单独的斜齿轮有何联系与区别？一般用于什么场合？

6）若实现两轴相交的传动可采用哪种齿轮？圆锥齿轮传动的两轮夹角一般是多少？为什么圆锥齿轮传动的承载能力和工作速度较圆柱齿轮要低？

7）直齿圆锥齿轮机构和曲线圆锥齿轮机构有何区别？各用于什么场合？

8）相错轴齿轮传动包括哪些类型？

9）螺旋齿轮机构与斜齿轮机构有何区别？其传动特点有哪些？这种齿轮传动如何调整中心距？如何改变从动轮的转向？

10）螺旋齿轮齿条机构的传动性能与螺旋齿轮是否相同？是否和齿轮齿条传动一样能实现转动与移动的相互转换？是否也可借助改变螺旋角的方向来改变从动轮的转向？两轴相错角的大小影响其传动效率的高低吗？

11）圆柱蜗杆蜗轮机构两轴夹角一般为多少？其传动的最大优点和缺点分别是什么？传动效率较低及齿面磨损较大的主要原因是什么？

12）在弧面蜗杆蜗轮机构中，蜗杆的圆弧回转面较圆柱回转面有何优点？其承载能力较普通圆柱蜗杆蜗轮传动高吗？

6. 渐开线齿轮参数

1）齿轮的齿距、齿厚、齿槽宽有何关系？从齿顶到齿根各部位的模数是否为同一值？模数的物理意义是什么？

2）发生线、基圆和渐开线三者有何关系？简述渐开线的性质。

3）不同齿数齿轮的齿形有何差异？对齿轮的实际应用有哪些影响？

4）不同模数齿轮的齿形有何差异？对齿轮的实际应用有哪些影响？

5）不同压力角齿轮的齿形有何差异？对齿轮的实际应用有哪些影响？

6）不同齿高系数齿轮的齿形有何差异？对齿轮的实际应用有哪些影响？国家标准中对齿高系数有何规定？

7. 轮系

1）何谓周转轮系？周转轮系中的差动轮系、行星轮系是如何定义的？又是如何转换的？

2）定轴轮系是怎样定义的？

3）如何利用周转轮系获得大的传动比？

4）要使行星轮系中的行星轮做平动，轮系的结构怎样确定？

5）将两个运动合成一个运动，可采用哪种轮系？轮系的这种特性在实际中有何用途？

6）用于大功率传递的减速器一般采用哪种轮系？这种减速器有何优点？

7）差动轮系有什么特性？举例说明这种特性的应用。

8. 间歇运动机构

1）棘轮机构为什么能实现停歇和间歇运动？有哪几种形式？

2）齿式棘轮机构由哪些构件组成？有何特点？棘轮转角是否可调？

3）摩擦式棘轮机构由哪些构件组成？有何特点？棘轮转角是否可调？

4）槽轮机构为什么能实现停歇和间歇运动？有哪几种形式？

5）外啮合槽轮机构与内啮合槽轮机构有何区别？什么情况下用内啮合槽轮机构？

6）齿轮式间歇机构与普通齿轮机构有何区别？为什么能实现停歇和间歇运动？有哪几种形式？

7）凸轮式间歇机构是如何实现间歇运动的？它有何特点？用于何种场合？

8）连杆停歇机构是如何实现停歇运动的？它有哪些类型？

9）说明停歇曲柄连杆机构的结构特点。它怎样实现停歇运动？

10）说明停歇导杆机构的结构特点。它怎样实现停歇运动？

9. 组合机构

1）用哪些方法可将多个单一基本机构合成一个组合机构？组合机构是否具备原来各单一基本机构的特性？

2）行程扩大机构由哪几个基本机构组成？各机构间用什么方法连接？该机构有什么特点？

3）换向传动机构由哪几个基本机构组成？各机构间用什么方法连接的？该机构有什么特点？

4）齿轮连杆曲线机构由哪几个基本机构组成？采用齿轮连杆机构是否可实现复杂的运

动轨迹？

　　5）实现给定轨迹的机构由哪几个基本机构组成？如何实现给定轨迹？若采用其他机构组合可否实现给定的运动轨迹？

　　6）实现变速运动的机构由哪几个基本机构组成？各机构间用什么方法连接？从动件运动规律是如何实现的？

　　7）同轴槽轮机构由哪几个基本机构组成？与单一槽轮机构相比它有何优点？

　　8）误差校正机构由哪几个基本机构组成？蜗轮的传动误差是如何校正的？

　　9）电动马游艺装置中"马"的飞奔前进的形象是如何实现的？这对你进行机械设计有何启示？

10. 空间连杆机构

　　1）空间连杆机构有哪些特点？用于哪些场合？

　　2）空间连杆机构的运动特性主要取决于机构的哪些部分？其机构代号如何确定？

　　3）说明 RSSR 空间四杆机构的组成构件和运动副种类。它们各用于何种场合？若改变构件尺寸，可转换到其他机构吗？

　　4）说明 RCCR 联轴节的组成构件和运动副种类。它们各用于何种场合？如何改变其受力情况？

　　5）说明 4R 万向节的组成构件和运动副种类。它们各用于何种场合？如何保证主动轴与从动轴具有相同的转速？

　　6）说明 4R 揉面机构的组成构件和运动副种类。如何实现揉面运动？

　　7）说明 RRSRR 角度传动机构的组成构件和运动副种类。如何保证主动轴与从动轴具有相同的转速？

　　8）说明萨勒特（SARRUT）机构的组成构件和运动副种类。如何保证顶板的相对上下平移？

三、实验心得、建议和探索

实验报告二（机构运动简图测绘与分析实验）

班级：＿＿＿＿＿＿＿＿＿＿＿＿　　　姓名：＿＿＿＿＿＿＿＿＿＿＿＿

学号：＿＿＿＿＿＿＿＿＿＿＿＿　　　成绩：＿＿＿＿＿＿＿＿＿＿＿＿

一、实验目的

二、实验结果

分组对实验台上的机构进行分析，并在下表中完成相应机构简图的绘制，并指出其中可能包含的复合铰链、局部自由度或虚约束。

机构名称	机构运动简图	运动是否确定
比例尺：	自由度计算：	

（续）

机构 名称	机构运动简图	运动是 否确定
	比例尺： 自由度计算：	
	比例尺： 自由度计算：	
	比例尺： 自由度计算：	

三、简答题

1）一个正确的平面机构运动简图应能说明哪些问题？

2）机构自由度大于或小于原动件数时，各会产生什么结果？

3）机构自由度的计算对绘制机构运动简图有何意义？

四、拓展

对所测绘的机构能否进行改进？试设计新的机构运动简图。

实验报告三（渐开线齿廓的展成实验）

班级：＿＿＿＿＿＿＿＿＿＿＿＿＿＿　　姓名：＿＿＿＿＿＿＿＿＿＿＿＿＿＿

学号：＿＿＿＿＿＿＿＿＿＿＿＿＿＿　　成绩：＿＿＿＿＿＿＿＿＿＿＿＿＿＿

一、实验目的

二、实验设备及主要参数

1）齿条形刀具的基本参数：

$m = $＿＿＿＿＿＿，$\alpha = 20°$，$h_a^* = 1$，$c^* = 0.25$

2）被范成齿轮的基本参数：

$m = $　　　，$d = $　　　　，$z = $　　　，$\alpha = $　　　，$h_a^* = $　　　，$c^* = $

三、实验结果

项目	标准齿轮（mm）	变位齿轮（mm）
分度圆直径 d		
齿顶圆直径 d_a		
齿根圆直径 d_f		
基圆直径 d_b		
周节 p		
基节 p_b		
分度圆齿厚 s		
分度圆齿间 e		
变位系数 x		
齿形比较		

注："齿形比较"指定性地说明两个齿轮的顶圆齿厚和根圆齿厚的差别。

四、齿轮范成图（画有范成齿形，并标注尺寸参数）

将齿轮范成图对折后，装订在本页上。

五、思考问答题

1）实验中所观察到的根切现象发生在基圆之内还是在基圆之外？试分析该现象是由什么原因引起的。如何避免根切？

2）在用齿条刀具加工齿轮的过程中，刀具与轮坯之间的相对运动有何要求？

3）对于用同一把齿条刀加工出来的标准齿轮和正变位齿轮，试定性分析以下参数 m，α，r，r_b，h_a，h_f，h，p，s，s_a 的异同，并解释原因。

4）若加工负变位齿轮，其齿廓形状和主要尺寸参数是否会发生变化？如何发生变化？为什么？

5）除了用齿条（刀具）变位的方法避免根切外，还有没有其他方法？

六、实验心得、建议和探索

实验报告四（渐开线直齿圆柱齿轮参数测定实验）

班级：_____   姓名：_____

学号：_____   成绩：_____

一、实验目的

二、实验仪器及工具

三、实验结果

1. 齿轮基本参数数据

齿轮	齿轮 1				齿轮 2			
齿数 z								
跨齿数 k								
测量次数	1	2	3	平均值	1	2	3	平均值
齿根圆直径 d_f								
齿顶圆直径 d_a								
W'_k								
W'_{k+1}								
全齿高 h								
基节 p_b								
模数 m								
压力角 α								

2. 变位齿轮的判定

齿轮	齿轮 1	齿轮 2
W_k		
W'_k		
变位系数 x		
结论		

3. 齿顶高系数 h_a^* 和顶隙系数 c^*

齿轮	齿轮1	齿轮2
齿顶高系数 h_a^*		
顶隙系数 c^*		
结论		

4. 实际中心距和啮合角

齿轮	齿轮1	齿轮2
标准中心距		
实际中心距		
啮合角		
结论 （比较大小）	实际中心距 a'____标准中心距 a 啮合角 α'____标准压力角 α	

四、思考问答题

1）测量齿轮公法线长度时，为何要对跨齿数 k 提出要求？

2）当分度圆上的压力角及齿顶高系数的大小未知时，本实验的参数能否测定？如何来测定？

3）根据测定的齿轮参数，如何判断其能否正确啮合？若能，怎样判别其传动类型？

4）在测量一对啮合齿轮的参数时，两齿轮做无齿侧间隙啮合，分析此时两轮齿顶间隙是否为标准值 c^*m？为什么？

五、实验心得、建议和探索

实验报告五（轴系结构创意设计及分析实验）

班级：_____   姓名：_____

学号：_____   成绩：_____

一、实验目的

二、实验设备

三、实验结果

对你所组装的轴系结构进行分析（简要说明轴上零件如何装拆、定位与固定，以及滚动轴承的装拆、调整、润滑与密封等问题）。

装配方案：

定位和固定：

装拆和调整：

加工和装配工艺性：

润滑和密封：

四、绘制轴系结构设计装配图（画一半）

轴系结构名称或代号：_____比例尺：_____

五、思考问答题

1）你所设计的轴系结构中，轴承在轴上的轴向位置是如何固定的？轴系中是否采用了轴肩、挡圈、螺母、紧定螺钉、定位套筒等零件？它们起何作用？它们的结构形状有何特点？

2）你所设计的轴系结构中，选用的轴承是什么类型？它们的布置和安装方式有何特点？

3）轴上的两个键槽或多个键槽为什么常常设计成在同一条直线上？

六、实验心得、建议和探索

实验报告六（输送机传动及减速器设计分析实验）

班级：_____　　姓名：_____

学号：_____　　成绩：_____

一、实验目的

二、实验设备

三、实验结果

1）将测得的减速器箱体尺寸数据记录到下表中。

序号	名称	符号	尺寸/mm
1	地脚螺栓孔直径	d_f	
2	轴承旁连接螺栓直径	d_1	
3	凸缘连接螺栓直径	d_2	
4	轴承端盖螺钉直径	d_3	
5	观察孔盖板螺钉直径	d_4	
6	箱座壁厚	δ	
7	箱盖壁厚	δ_1	
8	箱座凸缘厚度	b	
9	箱盖凸缘厚度	b_1	
10	箱座底部凸缘厚度	b_2	
11	轴承旁凸台高度	h	
12	箱体外壁至轴承座端面距离	l_1	
13	大齿轮顶圆到箱体内壁距离	Δl	
14	轴承端面到箱体内壁距离	l_2	
15	箱盖(若有)肋板厚度	m_1	
16	箱座肋板厚度	m	
17	箱体外旋转零件至轴承盖外端面(或螺钉头顶面)的距离	l_4	

2）将测得的减速器齿轮及轴的数据记录到下表中。

齿轮		小齿轮		大齿轮	
齿数	高速级	$z_1 =$		$z_2 =$	
	低速级	$z_3 =$		$z_4 =$	
传动比 $i = i_1 i_2$		高速级 i_1	低速级 i_2	总传动比 i	
模数 m 或 m_n /mm		高速级		低速级	
齿宽 b 及齿宽系数 ψ_d/mm		高速级		低速级	
		小齿轮 $b_1 =$	大齿轮 $b_2 =$	$\psi_d =$	小齿轮 $b_1 =$　大齿轮 $b_2 =$　$\psi_d =$
轴		第一根轴	第二根轴	第三根轴	
轴承	型号				
	安装方式				

3）填写以下部件的功能。

名称	功能
通气器	
起盖螺钉	
油标尺	
放油螺塞	
定位销	
起吊装置	

四、画出你所拆装的减速器传动示意图

五、画出轴系部件的结构草图（任意一根轴）

六、思考问答题

1）你所拆卸的减速器中，箱体的剖分面上有无油沟？轴承用何种方式润滑？如何防止箱体的润滑油混入轴承中？

2）扳手空间如何考虑？箱盖与箱座的连接螺栓处及地脚螺栓处的凸缘宽度主要是由什么因素决定的？

七、实验心得、建议和探索

基于实验中获得的数据和对运行情况的观察分析，带式输送机现有设计和运行中是否有不足之处，如有请做进一步的优化设计和设备性能改进。

实验报告七（机构运动创新设计实验）

班级：_____　　　姓名：_____
学号：_____　　　成绩：_____

一、实验目的

二、实验方案设计

根据实验内容，选择和构思机构运动方案。要求画出其运动简图，说明其运动传递情况，并就该机构的应用作简要说明。

机构名称：_____

绘制机构运动简图：

机构分析及应用：

三、实验结果分析

1）简要说明机构杆组的拆分过程，并画出所拆机构的杆组简图。

2）观察和分析拼装机构的运动情况，简要说明从动件的运动规律，分析拼装机构的实际运动情况是否符合设计要求。

3）通过实验分析原设计构思的机构运动方案是否还有缺陷，应如何进行修正和弥补。若利用不同的杆组进行机构拼装，还可得到哪些有创意的机构运动方案？用机构运动简图示意创新机构运动方案并简要说明理由。

四、思考问答题

1）在机构设计中如何考虑机构替代问题？

2）拼接中是否发生干涉、有无"憋劲"现象？产生干涉、"憋劲"的原因是什么？应采取什么措施消除？

3）你所拼接的机构属于何种型式的平面机构？它具有什么特性？

4）分析你所拼接机构的运动，计算其中一点（如各杆件的连接处）在特殊位置的速度及加速度。

五、实验心得、建议和探索